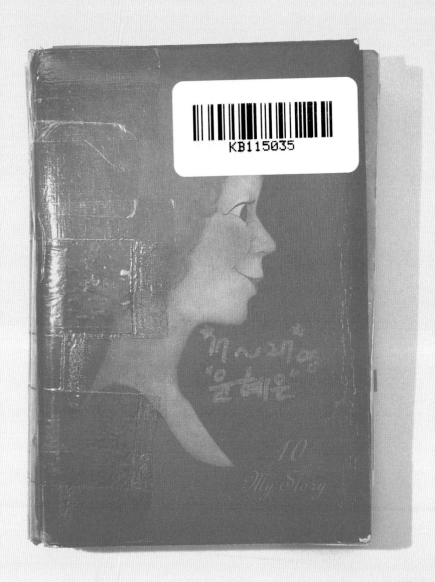

일기 쓰고
앉아 있네,
혜은

일기 쓰고
앉아 있네,
혜은

쓰다 보면 괜찮아지는 하루에 관하여

윤혜은 지음

어떤
책

열여덟, 세뱃돈, 핫트랙스

종종 낯선 만남에서 나를 설명해야 할 때 "저는 일기를 씁니다"라고 말하면 좀 낡은 사람이 된 기분이다. 일기를 학창 시절 숙제에서 끝내지 못하고 삶으로 끌어들인 촌스러운 사람처럼 느껴지기도 한다. 으레 이어지는 질문은 내 짐작에 확신을 더한다. "귀찮지 않아요? 전 쓰다가 귀찮아서 그만뒀는데." 이번에는 꼭 싫증이라곤 모르는 둔한 사람 취급을 받은 것 같아 심심하게 웃고 만다. 분위기를 좀 바꿔 볼까. 일기 앞에 "14년째 매일"이라는 말을 더하고 나면 나는 차라리 신기한 사람이 된다. 다시 돌아오는 질문도 조금은 생기를 띤다.

"왜요?" "어떻게 그럴 수 있어요?"

　딱히 진지하게 생각해 본 적 없는 질문에 뒤늦게 사로잡힌 밤이었다. 여느 때와 마찬가지로 일기를 쓰는 시간. 잘 깎인 연필 한 자루를 손에 쥐고 생각했다. 나는 왜 일기를 쓸까. 어쩌다가 일기 쓰는 관성이 엉덩이와 오른손에 찰싹, 붙어 버렸을까.

　책상 의자에 앉아 오른쪽 책장으로 고개를 돌리면 가로 17.5센티미터, 세로 26센티미터, 두께 7센티미터의 일기장이 보인다. 내지가 쏟아질 만큼 너덜너덜해진 책등을 투명 박스 테이프로 간신히 고정해 둔 나의 첫 번째 '십년일기장'이다. 내가 따로 지은 이름이 아니고 일기장에 정식으로 붙은 제품명이다. 말 그대로 10년치의 일기를 한 권에 저장하도록 디자인된 일기장은 거의 백과사전에 가까운 풍채를 지녔는데, 처음엔 이것을 보통의 일기장으로 대하는 데 시간이 좀 걸렸다.
　육중한 일기장을 펼치면 이런 모양이다. 먼저 모든 페이지는 열 개의 칸으로 나뉘어 있다. 한 칸당 높이가 2.5센티미터도 안 되기 때문에 쓸 수 있는 양이 절대적으로 부족하다. 고로, 매일 쓴다는 부담도 적다. 올해 출시된 제품이라면 맨 첫 페이지 첫 번째 칸 앞머리에 "2020년 1월 1일 수요일"이라고 연도와 날짜, 그리고 요일이 명시돼 있을 테다. 바로 밑에는 "2021년 1월 1일 금요일", 그다음에는 "2022년 1월 1일 토요일"이라고 쓰여 있는 칸이 대기하고 있겠지. 일기장 한장당 10년을 하루씩 쪼개 놓은 것이다. 덕분에 해가 바뀌고 매해 1월 1일의 일기를 쓸 때면 언제나 일기장의 맨 첫 장으로 돌아가야 하니, 은근히 새 일기장을 쓰는 기분도 낼 수 있다. 한 해 한 해 연도에 맞춰 점점 내려가는 손목을 의식하다 보면 허망한 세월도 잠시나마 선명하게 내게 머무는 것 같다.

그러므로 일기를 어느 정도 썼다는 전제하에 일기장을 펼치는 밤이면 원치 않아도 n년 n월 n일의 나를 단번에, 다각도로 보여 주는 진풍경이 함께 펼쳐진다. 친구들 사이에서 내가 '인간 아카이브(a.k.a. 흑역사 수집가)'로 불리는 이유가 바로 여기에 있다.

외관상으로나 기능적으로나 압도적인 구석이 있는 이 일기장을 처음 만난 날로 돌아가 보자.

2007년 2월이었다. 그해 열여덟이 된 나는 모처럼 세뱃돈을 두둑하게 받은 덕에, 남은 봄방학 동안 교보문고에서 세뱃돈을 탕진할 생각으로 들떠 있었다. 당시의 나로 말할 것 같으면 학교공부에는 영 흥미를 붙이지 못했지만 교과서를 제외한 책 읽기만은 즐기는 학생이었다. 수업시간, 교과서에

《오만과 편견》을 끼워 놓고 읽다가 걸리는 바람에 국어선생님으로부터 "너의 오만과 편견을 정의해 보라"는 벌을 받아 새빨개진 얼굴로 애를 먹은 기억이 난다. (내가 우물쭈물하자 선생님은 "그럼 넌 사랑이 뭐라고 생각하니?"라고 물으며 대답할 틈도 주지 않고 난데없이 남편과 자신의 결혼생활이 아직도 얼마나 알콩달콩한지 늘어놓았더랬다. 그리고 십년일기장은 이런 실없는 순간을 잘도 포착해 낸다.)

현금으로 통통해진 지갑을 코트 주머니에 넣고 단짝과 광화문 교보문고에 간 나는 정이현 소설가의 신작《달콤한 나의 도시》를 읽으며 좀 설레는 오후를 보냈던 것 같다. "성년의 날을 통과했다고 해서 꼭 어른으로 살아야 하는 법은 없을 것이다. 나는 차라리 미성년으로 남고 싶다. 책임과 의무, 그런 둔중한 무게의 단어들로부터 슬쩍 비껴나 있는 커다란 아이, 자발적 미성년." 이런 문장에 맘껏 밑줄 치고픈 욕구로 평소와는 달리 망설이지 않고 책을 구매했음은 물론이다.

문제는 핫트랙스였다. 언제나처럼 무용하지만 귀여운 문구류에 눈이 돌아가던 찰나, 생전 처음 보는 벽돌 같은 일기장에 시선을 빼앗겼다. 주변 선반을 점령한 상품들에 비해 귀엽지는 않으나 좀 더 유용해 보인다는 착각 때문이었을까. 덜컥 4만 원이라는 거금을 이름도 낯선 '십년일기장'에 지불해 버리고 만다. 함께 있던 친구도 구매에 동참해 버렸다는 것이 이날 교보문고 방문이 야기한 가장 큰 비극이었다.

　사실 친구와 나는 카운터 직원으로부터 묵직한 봉투를 건네받자마자 생애 가장 충동적이었을 그 소비를 후회했던 것 같다. 20년도 채 살아 내지 못한 당시의 우리가 상상할 수 있는 미래란 고작해야 대학 합격의 기쁨을 만끽할 스무 살 언저리였으므로, 일기장을 다 채우고 나면 도래할 스물일곱은 과연 그런 나이가 존재할 수 있는 것인지 차라리 맹랑한 의문을 품게 되는 나이였다. 그날 저녁, 돈이 아까워서라도 1년은 써 봐야겠다고 다짐하며 펜을 쥔 것이 오늘날 나를 일기 쓰는 인간으로 만들 줄은 꿈에도 모르고 말이다. (반면 친구는 그해 2월 한 달도 채 쓰지 못하고 거의 새것에 가까운 상태로 일기장을 보관해 왔는데, 10년 뒤 새 일기장을 사려는 나에게 자기 것을 가져다 날짜만 고쳐 쓰라며 아량을 베풀기도 했다.)

　집안에서 끈기 없기로 유명했던 나는 일기를 쓰면서 잠재된 근성을 증명해 나갔다. 한번 자리 잡은 관성은 실로 무서웠다. 그 시절 잘 관리한 미니홈피 다이어리에다가는 차마 쓰지 못한 말들을 배설하는 데에 불과했던 일기 쓰기가 그래도 '쓰는 힘' 비슷한 것을 길러 주었는지, 결국 '글밥'으로 먹고사는 사회인이 되었다. 하지만 나부터가 조금 구차한 이유로 일기를 쓰게 된 터라, 누구나 일기를 써야 할 이유는 없다고 생각한다. 주변인들에게 일기 쓰기를 권장한 적도 없다.

일기 쓰기의 이로움이라고 해 봐야, 당장에 떠오르는 건 이런 것들이다. 가까운 친구의 생일이 다가오는 것만은 분명한데 정확한 날짜가 생각나지 않아 난감할 때, 슬그머니 일기장을 펼치면 숱한 생일파티 기록과 더불어 친구의 탄생일을 확인할 수 있다. 고등학생 때부터 써 온 첫 십년일기장에는 나뿐만 아니라 그 시절 친구들의 몇몇 날들도 살뜰히 기록되어 있는지라, 종종 과거의 기억을 두고 갑론을박이 벌어지면 누군가는 꼭 이렇게 말하는 것이다.

"야 됐고, 그냥 혜은이 일기장 보면 돼."

내가 쓴 일기만큼 펼치기 두려운 장르가 또 있을까. 언젠가 다시 읽을 것을 염두에 두고 일기를 쓰는 사람은 아무도 없을 것이다. 때문에 시간이 흘러 우연히 맞닥뜨리게 되는 일기들은 분명 내가 쓴 것인데도 낯설기만 하다. 하지만 용기를 내 마주한 일기들은 지루하고 진부하게만 느껴지는 오늘의 나를 새롭게 해석할 수 있는 힌트가 되었다. 추억하기에 좋고 나쁨과는 별개로, 하나같이 현재에 충실했던 기록들은 내가 다른 사람과 구별되는 얼마나 고유한 나인지를 다시금 확인하게 해 준다.

13년간의 일기에 화답하듯 이 책을 썼다. 그리고 십년일기장 속 유난히 또렷한 하루들을 그러모아 하나씩 덧붙였다. 이것을 '살아남은 일기'라 부르고 싶다. 열여덟부터 서른하나까지, 끝나 버린 시간으로 묻혀 있던 날들이 조심스레 거는 말들은 하나같이 반갑고 애틋하다.

영화 〈어바웃 타임〉에는 시간여행 능력을 지닌 부자가 등장한다. 아버지는 아들에게 행복의 공식으로 똑같은 하루를 두 번씩 살아 보라고 일러 준다. 책을 쓰는 동안 열아홉을, 스물둘을, 스물여섯을 부지런히 다시 살아 보는 기분이었다.

이제부터 나의 짧고도 긴 일기들을 엿볼 시간이다. 일기 사이사이 당신도 문득 어느 시절을 다녀오게 될까? 언젠가 우리가 오늘의 일기를 함께 쓸 수 있다면 좋겠다.

차
례

1장

일기
쓰는

인간

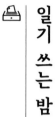

일기 쓰는 밤

자주 어제가 되어 버리는 오늘을 붙잡고 일기를 쓴다. 보통은 하루가 저물고 적요가 가까워지는 시간. 밤 11시 전후를 지키려 한다. 단 5분이라도 하루가 쉽게 밀리지 않도록 하기 위함이다. 물론 이 약속은 성인이 된 이후로 쉽게 깨지고 있다. 또 다른 오늘로 넘어가기 일보 직전에 부랴부랴 책상에 앉거나 새벽 2시 혹은 3시에 스탠드를 켜는 날도 부지기수다.

하지만 일단 책상에 앉고 나면 쓰는 데에는 그리 오랜 시간이 걸리지 않는다. 오늘을 그만 마감해야 할 때. 하루를 채운 객관적인 정보를 체크하기보다는 내 감정을 돌보는 방향으로 마음이 기울어져 있다. 손은 기다렸다는 듯, 가장 하고 싶은 말부터 주저 않고 꺼내기 시작한다. 입이 차마 하지 못한 말을 손이 대신하는 시간이다. 일기장의 아날로그적인 면모에 약간의 쓸모가 더해지는 때이기도 하다.

SNS에다가는 하고 싶은 말을 쓰기에 앞서 직접적으로든 은유적으로든 어울리는 사진을 찾거나 찍어야 하기 때문에 (게다가 보정까지 하다 보면!) 정작 처음의 생각과는 다른 글을 쓰게 된다. 왜곡하는 지점도 생긴다. 반면 일기장은 나를 드러내기에 얼마든지 즉흥적이어도 되는 유일한 플랫폼이다. 쫙 펴진 페이지 위에 어떠한 포장의 여지도 남겨두지 않고 나를 기록하는 것. 일기의 희열은 여기에서 온다. 슬픔을 감미롭게 꾸미거나 행복을 거북하게 부풀릴 필요 없이 스스로를 한 겹씩 벗어 낼 수 있다. 어느 지친 하루에 쓴 일기는 이렇게 시작한다.

혹시 내가 지금 너무 편하게 가려고만 하는 걸까? 내가 너무 이기적인 걸까? 잘 모르겠다. 내 인생에도 잘 짜인 플롯이 필요하다.

여기서 갑자기 '첫 문장 쓰기'를 운운한다면 좀 우스울까? 나는 처음 쓴 한 줄이 그날 일기의 분위기와 온도를 결정한다고 생각한다. 다른 모든 형태의 글들과 마찬가지로 말이다. 물론 일기가 아닌 글을 쓸 때는 첫 문장처럼 쓰기 어려운 것이 없지만, 일기장 앞에서라면 첫 문장처럼 쓰기 쉬운 것도 없다는 차이점이 있긴 하다. 그러니 나에겐 오히려 일기장을 펼치는 게 어렵지, 쓰는 건 정말 순간이다.

일기를 쓰고는 싶은데 매일 비슷하게 흘러가는 하루 중 뭘 써야 하나 고민되고, 그러다 보면 부담스럽고 귀찮아진다는 사람을 많이 봤다. 나는 매일 밤 일기장과 마주한 그 순간에 떠오르는 것부터 일단 써 본다. 평범한 하루를 달리 바라보게 하는 실마리는 거기서 시작되는지도 모른다. 오늘 참 힘들었다고, 견디기 버거웠다고. 징징대는 것 같을까 봐 태연한 척 보낸 대낮을 풀어놓고 나면 그럼에도 무사히 일과를 마친 내가 조금 대견해진다. 얼핏 하소연 파티처럼 보이겠지만, 사실 용기에 더 가까운 일이다. 일기를 쓴다는 건, 하루에 맞게 쉬이 편집되었던 나를 하나씩 불러와 재생하는 일이기도 하니까. 그래서 모든 일기는 영화의 감독판 버전이나 다름없다.

나조차 내 마음을 깊숙이 들여다보는 게 무서울 때가 있다. 특히나 처음 일기를 쓰기 시작한 고등학교 때는 손이 움직이는 대로 일기를 써 놓고서 흠칫 놀라는 경우가 적지 않았다. 엄마의 말마따나 사춘기가 늦게 온 게 아니라 10대 전반에 걸

일기 쓰고 앉아 있네, 혜은

처 오래도록 사춘기를 앓았던 탓에, 그 시절의 일기를 보면 내가 되게 이상한 사람 같다. 일기장에 미움, 사랑, 고마움, 미안함, 기쁨, 절망이 쉼 없이 반복되고 있기 때문이다. 온 마음을 내보여도 좀처럼 비워지지 않고 꾸역꾸역 들어차는 감정에 버거워하는 내가 보인다. 그렇게나 많은 미움이, 사랑이, 내게 머물렀다는 게 믿기 어렵다. 어제 너무 좋았던 사람이 오늘은 너무 미워질 만큼 매일이 그렇게 '너무한' 감정으로 연결되었다는 게, 지금으로서는 상상이 잘 안 된다.

가족이나 친구를 미워하는 마음부터 허겁지겁 쏟아 낸 밤이 결코 평온했을 리 없다. 악에 받친 채 끝이 나는 일기도 더러 있다. 하지만 대부분 몇 줄 못 가서 실토하고 만다. 실은 내가 얼마나 그들을 좋아하는지, 그래서 이 상처가 얼마나 큰지를 말이다. 치미는 미움보다 미움에 이르기까지를 확인했던 밤들. 어린 마음에 자존심은 좀 상했을지 몰라도 잠들기는 훨씬 수월했을 것이다.

사소한 감정일수록 더 잘 감춰지고 쉽게 잊힌다. 매일 처리해야 하는 일이나 사람들과의 관계 속에서 내 안에 이는 작은 요동들은 그다지 중요한 게 못 되니까. 나에게 무심해질 것 같을 때, 어느 소설가의 글을 떠올린다. "우리가 우리를 알아주지 않으면 우리는 아무것도 아니다." 그래서 오늘 밤에도 일기를 쓴다. 내일의 나를 더 잘 알아볼 수 있도록.

🏠 2014년, 스물다섯, 5월 12일

언젠가 말했듯 일기장은 나보다 더 나 같은 나라서 때론 두렵고 무섭고 부담이 된다. 그래서 요즘 일기를 덜 썼나 보다. 힘들 때만 찾아서, 힘들 때도 안 찾아서 미안해.

🏠 2016년, 스물일곱, 7월 20일

오늘 하루, 정직하게 잘 버텼다. 마음이 아프면 한 문장이라도 쓰게 된다. 그걸 알아서 나는 마음 놓고 글을 쓰고 싶다고도, 또 실컷 않고 싶다고도 할 수 없다. 그저 매일 내게 주어지는 내 일을 잘할 수 있는 내일이 되기를.

🏠 2018년, 스물아홉, 1월 19일

시간이 더 흐르면 나는 예쁜 조각이 되어 있을까? 그냥 아픈 돌멩이로만 남는 건 아닐까?

📖 2018년, 스물아홉, 1월 30일

열심히는 당연한 거고, 잘해야 하는 나날들. 나의 성의는 자주 초라해지고 자신감은 구덩이에 빠지지만 그래도 여기서 포기하고 싶진 않다. 저녁하늘 한 번 보지 않고 귀가한 하루인데, 어느새 바깥에 눈이 예쁘게 쌓여 있다. 떨어지는 별을 보면서 일기를 쓴다.

📖 2020년, 서른하나, 1월 14일

게으른 하루. 정말 게을렀나? 하면 그건 또 아니지만. 그냥, 해야 할 일을 하는 데에만 급급했던 느낌이다. 하루를 겨우 이렇게 써버렸다고 생각하면 뭐 하는 인간이지 싶다. 내가 겨우 내가 되기 위해 대부분의 날들에 이 이상으로 성실했고, 오늘만큼의 게으름도 아까워한다는 게 화가 난다. 나는 가성비가 꽝인 인간이야.

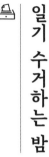

일기 수거하는 밤

일기를 쓰기 위해 오늘 날짜가 적힌 페이지를 찾는 일은 마치 도서관 검색대에서 출력한 색인표를 들고 대출할 책을 찾는 일과 같다. 책 제목의 초성에 다다르지도 않았는데 있지도 않던 북킷리스트를 채울 기세로 다른 책에 한눈을 팔듯, 과거의 기록에 쉽게도 마음을 빼앗기고 만다. 나르시시즘과 길티 플레저의 온상인 일기장에 한번 발을 잘못 디디면 정작 써야 할 그날의 일기는 수십 분씩 뒤로 미뤄진다.

지난 일기는 또 다른 지난 일기를 불러온다. 가령 2015년 7월 16일의 일기를 보게 된다면, 그해 1월부터 6월까지 200일

일기 쓰고 앉아 있네, 혜은

남짓한 날들을 그냥 지나치기 어려운 것이다. 출근길마다 긴장해서 배앓이를 했던 사회초년생의 3월, 잠수이별을 한 애인이 그래도 내 생일에는 문자 한 통 보내 놓지 않을까 하는 기대감으로 애가 닳았던 6월 같은 날들을 말이다.

바로 작년 오늘부터 수년 전의 오늘까지 한 장에 담는 십년일기장의 구조도 한몫한다. 매일 밤 일기를 쓸 때마다 얼마간의 주의를 기울이지만, 하루 끝에 앉아 천근만근 같은 펜을 들어도 과거로 떠밀려 버리기 십상이다. (어떤 수고도 위험도 없이 시간여행을 하고 싶다면 일기를 써 보시라.)

동시에, 일기 쓰는 해가 계속되면서 다시는 돌아갈 수 없는 과거를 향한 미련은 차츰 덜게 되었다. 기억의 영역을 가볍게 제압하는 날것의 기록들은 청춘영화나 아련한 멜로디의 노랫말과는 조금도 닮아 있지 않으니 말이다. 대부분의 내 기억이 김이 낀 차창 너머로 일렁이는 불빛을 바라볼 때의 애틋함이라면, 밤마다 마주하는 일기장 속 n년의 오늘은 (높은 확률로) 창문을 문지르면 드러나는 조잡한 네온사인이라든가 그 아래에 덩그러니 쓰레기봉투가 놓인 풍경에 가깝다.

쓰고 보니 내가 좀 불쌍해지는데, 절대로 쓰레기처럼 살았다는 건 아니다. 그래도 쓰레기 얘기를 더 해 보자면…….

어떤 일기는 아무도 수거해 가지 않은 쓰레기 같다. 기록

그대로 쪼그라든 채 말라 버린 일기가 있는가 하면, 오만 가지 감정을 꾹꾹 눌러 담아 이제 막 밖에 내놓은 일기도 있다. 당장이라도 빵! 하고 터질 듯 부풀어 오른 일기도 물론. 그런 일기를 발견했다면 요령껏 외면해야 한다. 깜빡 하는 사이 시선을 붙잡혀 버리면 밤이 깊어 가도록 연쇄 쓰레기 처리를 해야 하므로.

다시 읽어서 마음이 아픈 일기도 있다. 그런 날엔 영화 〈이터널 선샤인〉을 생각한다. 망각의 대가를 혹독히 겪는 짐 캐리가 애절하게 뱉은 말, "제발 이 순간만큼은 기억하게 해 주세요"를 재생하다 보면 밤마다 마주하는 기록의 대가도 이내 기꺼이 치를 만하다고 느껴진다. 기억하기 위해 일기를 쓴 건 아니지만, 기록함으로써 나를 기억해 주는 삶을 살게 되었으니 말이다. 그 기억 하나하나와 관계 맺고 있는 사람들을 더듬어 보는 시간까지 포함해서 말이다.

낯선 하루에 불시착한 어느 밤, 이런 일기를 발견했다.

작년에는 6월 모의고사를 째고 M과 조조로 영화를 보러 갔지. 그때까지만 해도 나는 거리에서 노래를 부르고 M은 메이크업 박스를 들고 다녔는데, 지금은 둘 다 얌전히 공부하는 고3이네. 겨우 1년이 지나가는 동안 많이도 변했다. 우린 다를 줄 알았지만 아니었고, 그래서 지금 열심히 하고 있지

만 더 해야 한다. 계속해야 한다……. 솔직히, 돌아보면 아무
것도 남은 게 없는 것 같다.

열아홉, 나는 결승점을 잃어버린 채 달리고 있었다. 그 불
안한 레이스를 함께 뛴 M과 나는 이제 서른하나가 되었다.
이제 우리는 함부로 달리지 않고 이따금씩 산책하듯 나란히
걷는다. 먹고사는 문제가 호시탐탐 일상을 넘어뜨리려 하지
만, 아슬아슬하게나마 각자의 삶에서 균형을 잡는 법을 터득
해 나가고 있다. 우리들의 지난하고도 기특한 과정은 다른 어
느 날의 일기에서 또 발견될 것이다. 그 기록에 다시금 눈과
마음을 기울이며 오늘을 버티는 힘을 얻을 나를 안다.

수년 전, '기억발전소'라는 문화예술 사회적기업과 인터
뷰를 진행한 적이 있다. 그들 명함에는 "기억하는 것은 곧 사
는 것이다"라고 쓰여 있었다. 과거의 기억에 숨을 불어넣고
미래의 기억을 기록해 나가는 그들은 말했다.

"우리가 알고 있고, 또 기록되는 역사라는 건 아무래도 승자
위주로 정리되기 마련이거든요. 따라서 분명 그 시간에 속
하지만 담을 수 없는, 누락되는 기억들이 있을 거예요. 저희
는 그런 '보통의 삶'이 지니는 가치를 많은 사람들이 스스로
인지할 수 있었으면 좋겠어요."

일기를 읽듯 오래전 인터뷰를 찾아 읽으면서 새롭게 깨달았다. 반드시 기억해야 하는 하루 같은 건 없다고. 하지만 모든 날들이 다 비슷비슷한 옛날로 납작해진다는 건 조금 서글픈 일이다. 시간이 주는 그 공평함이 도움이 되는 날도 물론 있을 것이다. 기억이 흐릿해졌음이 고마운 날이 있을 것이다. 그럼에도 나는 기억의 층위를 선명히 알기 위해 오늘을 쓰다 말고 자꾸만 과거에 다녀온다. 오래된 일기들이 말을 걸어오는 데에는 그만한 이유가 있을 테니까.

2008년, 열아홉, 2월 28일

고3이 된 지 두 달이 지났다. 어제는 평생 들을 일 없을 것만 같았던 입시설명회를 들었다. 이렇게 또 수능이 두 달 더 가까워졌다. 하지만 걱정 말자. 부지하종 운우기운不知何終 雲雨其云이랬다. 어느 구름에 비가 온다던가.

2008년, 열아홉, 10월 16일

어제는 마지막 모의고사를 치렀다. 1, 2학년 때는 왜 그렇게도 모의고사 날에 땡땡이를 쳤을까. 그래도 3학년이라고 한 번도 빠지지 않았다. 심지어 결석도 없다! 이제 내 고교생활에 남아 있는 가

일기 쓰고 앉아 있네, 혜은

장 큰 이벤트는 수능이로구나. 벌써 3년이 다 지나간 것만 같다.

📖 2012년, 스물셋, 12월 12일

한 박자 늦은 출근시간, 지하철에서 바라본 한강을 잊을 수 없다. 한 뼘 누그러진 겨울 햇살이 가득 찬 그 광경은 실로 오랜만에 느끼는 서울, 그리고 한강의 아침이었다. 결코 피곤하지만은 않은 경험이었다. 이 길 속에서 나의 길이 빛나길 바라며.

📖 2016년, 스물일곱, 9월 3일

지난 10년 동안의 일기를 돌아보면 좋았던 날이 많아서 다행이다. 나는 내 기억보다 자주 행복했구나. 그때의 나를 괜스레 측은하게 여기지 않아도 돼서 기쁘다. 그러니 다음 10년을 위해서도 오늘은 행복했다고 쓰자. 나는 행복해.

늘 누군가를 좋아하며 지냈다. 유치원 때 좋아했던 남자애의 이름은 잊었어도(백 씨였나?) 그 애가 커다란 학사모를 쓰고 찍은 흑백 졸업사진은 여태 떠올릴 수 있다. 유난히 흰 피부가 예뻐서, 또 부러워서 친해지고 싶었는데. 그 애는 우리 반에서 키가 제일 크고 얼굴이 까무잡잡한 내게 참 새침하게 굴었다.

초등학교에 입학하면서부터는 학년마다 좋아하는 애가 바뀌었다. 긴 겨울방학이 지나고 나면 1년 가까이 멋지다고 생각했던 얼굴과 그 애의 습관을 자연히 잊어버린 채 새 학기

새 학년을 맞았다. 애정의 데이터가 축적되기엔 리셋이 잦았던 탓에 6년간의 취향으로 반죽된 토르소로만 그 애들을 겨우 짐작할 수 있다. 초등학생의 나는 대체로 나보다 마르고 수학익힘책에서 심화문제를 잘 푸는 아이들을 좋아했던 것 같다.

그 애들은 쉬는 시간이면 주말에 방영한 〈인기가요〉에서 베이비복스가 입었던 파격적인 의상에 대해 떠들기나 할 뿐, 방학을 앞두고 열린 장기자랑에서 여자아이들과 무리를 지어 춤을 추던 나에겐 1도 관심을 주지 않았다. 그래도 왜인지 자꾸만 걔들 눈에 띄고 싶어서 일부러 크게 떠들고 보란 듯이 노래를 흥얼거리곤 했다. 누구를 좋아하면 좀 진상이 되는 역사는 이때부터 시작이었나 보다.

고등학교에 입학한 뒤부터는 좋아하는 이성을 더 오래 마음에 담을 수 있게 되었다. 상대를 '진짜로' 좋아하게 되면 필연적으로 고통스럽다는 것도 이때 어렴풋이 깨달았던 것 같다. 고백하지 못한 고백들이 일기장에 쌓여 갈수록 그 애들에게 하찮고 부끄러운 장난만 치는 여자애로 남을 뿐이었다. 그런데도 나는 자주, 속수무책으로 진지해졌다. 13년이나 일기를 쓸 줄 알았다면 일기장에 좋아하는 사람의 이름을 꾸준히 적는 짓은 하지 않았을 것이다.

나의 열여덟은 K로, 스물은 C로 요약할 수 있다. 나머지

20대 절반은 온통 J로 가득하다. 타인의 이름으로 나의 한 시절이 설명된다는 건 꽤나 섬뜩한 일이다. 모든 마음이 다하고 난 뒤 마주하는 그 이름들은 아무리 불어도 날아가지 않는 재 같다. C는 그중에서도 여전히 나를 웃음 짓게 하는 거의 유일한 이름이다. 그리운 추억이 불러오는 아련한 미소는 아니고, 흑역사 재생이 유발하는 자포자기식 폭소에 더 가깝지만.

대학교는 신기한 곳이었다. 살면서 만나 온 모든 사람보다 더 많은 이들을 매일같이 상대하는 기분이었다. 특히 신입생 때는 어딜 가도 군중이 형성되어 있는 캠퍼스 풍경에 자주 압도당하며 교양과목 강의실을 찾아다니곤 했다. 그 시절 무엇보다 이해하기 어려웠던 것은 내가 누구를 미처 좋아하기도 전에 나를 좋아하는 사람이 생긴다는 거였다. (나를 좋아하는 사람은 높은 확률로 내가 좋아하기 어려운 스타일이라는 점도 당시로서는 큰 난제였다.)

아, 여기는 새로운 세상이구나. 쉬운 고백들이 남용되는 세계에서 나도 용기를 얻어 생애 첫 고백을 가장 권장되지 않는 방식으로 질러 버렸다. 술김에 한 고백은 보기 좋게 거절당했다, 고 며칠 뒤 그날 함께 자리했던 선배들이 일러 주었다. 그러니까 고백을 한 것도, 고백을 거절당한 것도 잊고 태연히 지내던 5월의 봄날이었다.

C와 나는 같은 동아리였는데, 그는 나보다 여덟 살이나 많았다. 우리 동아리도 다른 많은 동아리들과 마찬가지로 매주 술을 마셨고, 그 무렵 나는 필름이 자주 끊겼던 탓에 술을 마실 때마다 C에게 고백하고 거절당하기를 반복했다. 보다 못한 언니 오빠 들이 간밤의 구애를 동영상으로 찍어 말짱한 나에게 확인시켜 주어도 해가 저물면 나의 고백 러시는 다시 시작되었다. 이미 내 다짐과는 상관없는 방향으로 마음이 새고 있었고, C도 처음의 염려는 잊고 신입생의 주사를 달래는 데 익숙해져 갔다. 근 한 학기 내내 계속된 취중고백은 그의 코스모스 졸업으로 마침내 끝이 났다.

2009년 봄부터 여름까지의 일기는 벚꽃이나 도서관 데이트가 아니라 비명과 후회와 숙취로 빼곡하다. 아침(혹은 점심)에 깨서 휴대폰을 확인하면 메시지함이 온통 "일어났냐?" "기억나냐?"로 차 있던 시절이었다. 오후 수업에라도 출석해야겠다는 각성 대신 일기장에 고해성사를 풀어놓고 해장을 한답시고 나갔다가 해장술을 마시고 돌아오는 사이 스무 살은 덧없이 소진되었다.

사람이 살면서 고백할 수 있는 총량이 있다면 아마 난 스무 살 때 전부 써 버렸는지도 모른다. 그것이 오롯이 C의 몫이었다고 생각하면 아깝지만.

고백 창고가 바닥난 뒤에야 비로소 연애를 할 수 있었다.

나를 좋아한다 말하는 이에게 나도 그만한 마음이 생기는 기적이 몇 번 찾아온 것이다. 각각의 이름들이 일기장에 처음으로 적히기 시작한 페이지는 언제 봐도 낯뜨겁지만 한편으론 귀엽기도 하다. 나만 볼 수 있는 곳에 적어 두고 싶은 이름이 생긴다는 것. 사랑에 빠졌다는 신호가 갈수록 더디게 찾아오니 말이다.

서른하나. 지금 일기장엔 벌써 5년째 한 이름이 정체되어 있다. 같은 이름을 4년 넘게 적은 적은 이번이 처음이다. 이 이름의 수명은 꽤 길다. 그리고 기대수명은 상황에 따라 줄기도 늘기도 한다. 지금으로서는 조금 더 오래 머물러 주면 좋겠는데. 앞으로 몇 개의 이름을 더 적을 수 있을까?

출장 간 애인이 돌아오면 옛날 이야기를 해 달라고 졸라야겠다. 그가 별로 회상하고 싶어 하지 않는, 내게 고백키로 결심한 날의 이야기를 들려 달라고. 네가 내 일기장에 이름이 적히기 시작한 그날을.

일기 쓰고 앉아 있네, 혜은

📖 2007년, 열여덟, 9월 28일

오늘 가장 기억하고 싶은 대화

> K: 안녕.
>
> 나: 안녕.
>
> K: 나 아까 네 과자 먹었어.
>
> 나: 알아.
>
> K: …….
>
> 나: 수술 잘했어?
>
> K: 응.
>
> 나: 그래.
>
> K: …….

📖 2010년, 스물하나, 2월 28일

1년이 지났다. 후배를 받고 오티를 다녀왔다. 실감이 나지 않는다. 아직도 스무 살인 것만 같다. 나의 스무 살을 이대로 잊어버릴까 봐 무섭다. 열아홉보다 스무 살보다 겁이 나는 스물한 살. 좀 더 순진하고 싶은데. 올해는 꼭 사랑을 해 보고 싶다.

📖 2012년, 스물셋, 6월 13일

J의 한 마디. "무얼 하고 있는 동안은 적어도 실패하고 있지는 않은 거야."

📖 2012년, 스물셋, 9월 21일

준 상처만큼이나 받은 상처 역시 또렷한 걸 보니, 아직도 멀었지 싶다. 억울한 것도 잘못한 것도 둘 다 가득해서 힘겹다.

📖 2016년, 스물일곱, 7월 22일

"결국 고마운 마음이 이긴다. 그리고 결국 사랑이 이긴다. 그건 진짜다." 우리 매거진에서 학부모 기자단으로 활동하고 계신 수진 님의 원고가 나를 울렸다. 그래서 오늘은 나도 너한테 고마운 마음만 가지려고.

나의 집이었다 그곳은 얼마간

스무 살부터 지금까지 쭉 혼자 살고 있다. 연애의 지속 여부에 따라 종종 동거인이 있다 없다 할 테지만, 앞으로도 대부분의 날들엔 혼자가 익숙한 채로 지낼 가능성이 크다.

주변의 친구들과 달리 내게 독립은 남다른 결심을 요하거나 불가피한 상황에서 결정된 일이 아니었다. 마치 나도 모르게 예고됐던 수순 같았달까. 딸이 지방 대학에 합격하기만을 기다렸다는 듯 부모님은 내게 자취방을 얻어 준 다음 아빠의 고향인 당진으로 귀촌했다. 때문에 부모와 '잠시' 떨어져 지낸다는 설렘과 긴장, 그리고 묘한 복수심 같은 것들은 내 안에 그리 오래 머물지 못했다. 이제 온 가족이 한데 모여 밥을 먹고선 각자의 방으로 들어가 잠을 자는 풍경은 내 인생에서 간헐적으로만 반복될 터였다.

자취방을 채울 짐을 싸면서 나는 약간 버려진 듯한 기분에 사로잡히기까지 했다. 그때까지만 해도 제주도 수학여행을 제외하면 비행기를 타 본 적이 없던 나는 꼭 열일곱의 새벽처럼 옆 동네 아파트에 사는 이모에게 캐리어를 빌렸는데, 캐리어에 가장 먼저 자리를 차지한 것은 바로 십년일기장이었다.

첫 여름방학. 천안터미널에서 당진으로 가는 고속버스를 타면서 십년일기장을 자취방에 두고 왔음을 깨달았다. 무릎 위에 올려둔 배낭이 가볍다고 느끼며 나는 이제 그곳이 얼마나 비좁든 혹은 쾌적하든, 방 한구석을 묵직하게 차지하는 일기장이 있는 곳이야말로 내 집이 될 거라고, 다짐하듯 생각했다.

당진에 머무는 여름 동안 나는 오래된 데스크톱의 한글파일을 열어 매일 네다섯 줄 남짓한 일기를 쓴 뒤 프린트했고, 개강 일주일 전쯤에 자취방으로 돌아와 일기장을 펼쳐 지난 여름의 기록을 하나하나 잘라 제자리에 옮겨 두면서 남은 계절을 배웅했다. 반듯하게 프린트된 날들은 손으로 쓸 때보다 확실히 더 많은 이야기를 담기도 했지만, 펜의 색깔이나 연필

심의 굵기, 또는 진하기 따위가 그대로 드러나 있는 일기만 못했다. 스테이플러로 집어 둔 그 계절들은 지금도 일기장을 넘길 때마다 힘없이 팔랑인다.

해가 거듭될수록 방학에도 자취방에 머무는 날이 많아졌다. 떠나야 할 시간도 가까워지고 있었다. 다시금 일기장을 책꽂이에 세워 둘 새집이 필요했다. 당진도 서울도 아닌, 유년기와 학창 시절을 오롯이 보낸 일산으로 돌아가고 싶었다. 마침 졸업을 앞두고 취업한 회사도 일산에 위치해 있었다. 그러나 당장에 새 방을 구할 수 있는 사정이 못 되었고, 급한 대로 일산 이모네 집에서 기약 없이 지내게 되었다. 부모님은 휴학 한 번 않고 졸업한 내가 당진에 잠시 머물며 자신들과 시간을 보내리라 기대했던 것 같다.

이모의 낡은 캐리어를 끌고 천안으로 향했던 나는 캐리어보다 낡은 모습으로 일산에 돌아왔다. 그때 나는 슬펐던가? 혹시라도 속이 상한 자신을 마주할까 봐 애써 외면했는지 모른다. 괜히 일기장의 기분만 살핀 기억은 있다.

반년을 이모의 옷방에서 지내고 이사를 했다. 짐작처럼 책장도 책상도 둘 수 없던 그곳에서 어디에다 일기장을 보관했는지는 생각나지 않는다. 방을 둘러싼 행거 아래에, 벽돌같은 마음을 숨기듯 밀어 넣었을까? 지금이라도 일기장을 펴

보면 단번에 알 일이지만 일부러 그러고 싶지는 않다. 다만 일기장과 고스란히 밤을 함께했던 그곳은 분명 얼마간 나의 집이었다.

⌂ 2012년, 스물셋, 12월 28일

지금 지낼 곳엔 책상이 없을 거야. 아니 책상을 들여다 놓을 공간이 없는 거겠지. 당분간은 바닥에서 지내야 한대도 이해해 줘.

⌂ 2013년, 스물넷, 6월 18일

마침내 이모네 집에서 나왔다. 이사를 하니 책상이 생겼다. 감격스럽다. 이사하는 동안 툴툴거리기만 했는데 이렇게 책상에 앉아 있으니 울컥한다. 서울 셋방을 떠나 신도시에서 처음으로 집을 장만했을 때가 생각난다던 엄마의 표정이 떠오른다. 새댁 엄마가 그리워진다. 그때로 돌아가면 나도 무엇이든 열심히 여러 번 시작할 수 있을 텐데. 물론 지금도 새로운 내일로 가득 차 있다. 실은 온통 시작할 것 천지다. 새집에서 쓰는 첫 번째 일기. 자꾸만 눈물이 날 것 같다.

　　　　　　　　　　　　　일기 쓰고 앉아 있네, 혜은

🗂 **2015년, 스물여섯, 11월 12일**

마포대교에서 만난 이정표는 '눈 비 안개 시 감속운행'을 하라고 일러 줬다. 우리의 어떤 날에도 눈, 비가 내리거나 안개가 끼면 그냥 잠시 쉬어 가면 된다. 어쩔 수 없는 상황에서는 서두를 수도, 그럴 필요도 없다. 적당히 나태해질 수 있는 핑계와 틈을 확보하는 것. 다들 그런 식으로 하루를 더 살겠지. 때때로 시속 60킬로미터로만 달리면서.

🗂 **2015년, 스물여섯, 12월 30일**

음악은 역시 라이브다. 우리의 삶도, 기록된 모습보다는 지금 어떻게 살아 내고 있는지가 더 중요한 거다.

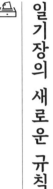

일기장의 새로운 규칙

2007년부터 2016년까지. 첫 번째 십년일기장을 다 채워 갈 무렵, 과감하게 새 십년일기장을 주문했다. 본격적으로 10년 단위로 일기장을 주문하는 인간이 돼 보기로 한 것이다. 10년 전 핫트랙스에서 구매했던 것과 같은 브랜드의 일기장을 결제할 땐, 꼭 10년을 새로이 가불하는 느낌이었다.

이 일기장의 끝은 2026년을 향해 있다. 30대를 오롯이 담아 낼 일기장을 받아드니 아직 아무것도 쓰이지 않았는데도 남다른 무게가 느껴졌다. 그래서일까, 나는 심심한 이벤트를 열었다. 그리하여 두 번째 십년일기장에 생긴 규칙.

일기 쓰고 앉아 있네, 혜은

새해 첫날, 한 해 동안 이루고픈 소원을 편지지에 적을 것.
일기장 맨 뒤편에 끼워 두고 그해 마지막 날에 개봉하여 1년
을 돌아볼 것.

어차피 작심삼일이라는 생각으로 새해를 덤덤하게 맞이
한 지 오래였는데, 이제 막 시작된 1년을 모처럼 골똘히 상상
하고 있자니 은근 진지해졌다. 과거의 숱한 실패는 잊어버린
듯 '올해라면' 뭐든 해낼 수 있을 것 같은 기분이 들었다. 찰나
나마 자신을 무한히 긍정하는 맛에 우리는 매번 다짐을 다짐
하는지도 모른다. 무언가를 바란다는 건 자신이 그것을 할 수
있다 믿는 것과 같으니까.

매년 겨울마다 한국으로 긴 출장을 오는 탓에 새해를 타
국에서 보내는 대한대만 사람, 나의 오랜 애인도 자연스레 합
류했다. 우리는 나란히 앉아 각자의 모국어로 새해 소원을 써
내려갔다. (우리는 어설픈 영어로 소통한다.) 암만 컨닝을 한다
한들 서로의 소원을 짐작조차 할 수 없다. 한 해가 다 가 버린
뒤에도 소원을 얼마나 이루었는지 확인할 길이 없다. 상대가
우긴다면 (이미 서로의 성공을 불신하고 있다!) 그저 박수쳐 주
는 수밖에.

그럼 이쯤에서 지나간 내 소원 편지 하나를 열람해 볼까.

2018년 나의 소원은……

1. 내 책을 만들 것. 나만이 쓸 수 있는 이야기를 찾자!

→ 2017년 봄, 두 달 동안 베를린에 머물면서 썼던 일기들을 그러모아 이듬해 5월에 《베를린 감상집》이라는 독립출판물을 만들었다.

2. 스스로 설득할 수 있을 일을 할 것. 자신을 지키며 일할 것.

→ 모 출판사에서 마케터로 근무할 당시였는데 근처 내과병원의 의사선생님과 안면을 틀 정도로 자주 앓았다.

3. 서른이 되기 전에 5킬로그램 감량!

→ 이 다짐은 중학교 3학년 때부터 해 온 것으로, 평생의 숙원사업 중 하나다. 지금 나는 서른하고 올해 첫날에도 물론 같은 소원을 썼다.

4. 늘 곁에 있어 주는 이들을 귀하게 여길 것.

5. 나를 많이 사랑해 줄 것.

다섯 개의 소원 중 객관적으로 평가할 수 있는 것은 두 개뿐이고, 그중 하나만 성공했다. 해도 그만 안 해도 그만인 내용을 썼다는 생각에 이내 부끄러웠지만 직접 책을 만들었다는 감동은 충분히 벅찼다. 성취감을 사수했다는 데에 있어서 이 소원은 자연히 두 번째와 연결된다.

당시의 나는 어떻게 하면 매일같이 회사에서 처리하는 일이 아닌 다른 일로 내 시간을 채울까 고민이었다. 존재의 유용함을 증명하기에 회사는 적당한 곳이 아니었다. 처음엔 회사가 나빠서라고 생각했지만 갈수록 나의 부족함이 더 크게 느껴졌다. 마음이 아니라 결과를 보여 줘야 하는데 나는 마치 소원 편지를 쓰는 기분으로 출근하고 있었다. '자, 내가 이만큼이나 바라니까 꼭 이뤄지겠지!' 하고.

그러나 독자로서 책을 좋아하는 것과 출판사 직원이 되어 책을 파는 일은 얼마나 다른지. 순진하게 자신을 평가한 탓에 속이 자주 아팠다. 좋아하는 일을 함부로 싫어하지 않기 위해서라도 처음부터 직접 해 보기로 했다. 팔아야 하는 책은 못 파는 주제에 책을 만들겠다고 나서다니. 나는 자신을 과신하는 경향이 있다.

당연하게도 모든 것이 어려웠다. 첫 문장을 쓰는 것부터 시작해 서점마다 직접 책을 입고하는 과정까지 전부 혼자 해야 해서가 아니라, 힘들고 피곤하면 그냥 대충대충 쉽게 넘어가도 된다는 사실이 나를 힘들게 했다. 귀찮으면 이건 안 해도 되지, 저건 좀 빼도 되지, 어차피 누가 이걸 본다고. 어떻게든 더 잘해야겠다는 생각 말고 얼마만큼 하는 게 적당할까를 계산하느라 더 할 수 있는 시간을 허비했다. 성취감과는 별개로 결과물은 꼭 내가 잰 만큼만 만족스러웠다. 독립출판을 경험한 덕분에 툭하면 자신을 기특하게 여기는 버릇을 비로소 끊을 수 있었다. 다만 이 부작용으로 다섯 번째 소원이 요원해졌다.

스스로를 설득하고 자신을 지켜 가며 할 수 있는 일이 무엇인지는 아직도 찾지 못했다. 다만 그해 가을에 퇴사를 하고 병원비 지출이 눈에 띄게 줄었으니 절반은 이뤘다고 봐야 하나. 이 소원도 세 번째 소원 못지않게 이월이 잦을 것 같다. 스스로에게 퇴사를 종용했던 것과 마찬가지로 지금은 프리랜서로 어떻게든 버텨 줄 것을 부탁하고 있으니 말이다. 왜 언제나 내가 지키고 있는 자리는 늘 납득하기 어려운 모양새일까. 그러고 보니 소원 번호가 더해질수록 이루기 어려운 걸 써 놓았네. 4번, 5번, 너네는 평생 이월감이다.

결국 소원을 적을 때의 설렘은 온데간데없고 때 아닌 나의 성의 없음을, 불완전함만을 확인하고 말았다. 사실 철 지난 소원 편지를 펼쳐 보지 않았더라면 간절히 바랐다는 것조차 잊었을 일들이다. 어쩐지 다행이다. 내가 아닌 일기장이 기억하는 소원들이라서. 덕분에 다시금 새로운 나를 다짐할 수 있었으니 말이다. 과연 소원도 흑역사 일색인 일기처럼 때때로 잘 잊히는 것이 미덕일까. 잘 잊는다는 건 잘 시작한다는 뜻인지도 모르겠다(동의어로 인간은 어리석고 같은 실수를 반복한다는 말도 있긴 한데……).

애인의 편지지를 한 장 훔쳐보니 번호가 무려 열네 개나 매겨져 있다. 편지지의 첫 줄부터 마지막까지 빈틈이 없다. 한 달에 하나씩 해치워도 1년이 모자란 셈인데 실제로 애인의 2018년은 어땠을지 궁금하다. 스스로를 이렇게나 자신했던 과거를 마주하면 그도 민망해할까? 짓궂게 사진을 찍어 전송하려다 그만둔다. 그의 소원이 잊힐 권리를 함부로 빼앗을 순 없지. 그저 우리가 다정히 앉아서 편지지를 채워 갈 또 한 번의 새해를 기대한다. 1년에 단 하루, 충분히 믿지 않고서야 할 수 없는 이야기가 쓰이는 그날을.

2011년, 스물둘, 4월 24일

누군가 말해 주었었다. 실상 우리에게 필요한 것은 세 가지 말뿐이라고. 넌 소중한 사람이야, 너를 용서해, 너를 사랑해. 외로움으로부터 달아나는 가장 쉬운 방법은 타인에게 보다 더 많이 베푸는 것. 앞으로 잊지 않고 매일 전하리라!

2011년, 스물둘, 12월 23일

(지금은 얼굴이 가물가물한 선배가 남긴 새해 인사. 선배가 붉은 복주머니가 그려진 클래식한 신년 카드를 건네 당황한 기억이 있다. 나는 카드의 압도적인 디자인에 놀랐던 걸까, 선배가 수줍게 카드를 내밀어서 놀랐던 걸까? 쓸쓸하게 그런 장면만 선명하다.)

To. 혜은

혜은아 안녕?

언제나 명랑하고 발랄한 너를 보면 에너지가 느껴져서 좋아. 뭔가 청춘…… 같다고 해야 하나? 여튼 밝고 건강해 보여서 참 예쁜 것 같다. 얼굴도 예쁘고!

혜은이에게 2011년은 어떤 한 해였니? 사람들과의 관계, 감정들, 대화가 많이 오고 갔었겠지? 2012년엔 더욱 몸과 마음이 건강하기를 기원할게.

언제 어디서나! 밝은 에너지를 잃지 말고 사람들과 행복을 나누며 생활하기를…….

2011년 12월 23일, SY

2018년, 스물아홉, 2월 11일

엄마는 말했다. 내가 꼭 지금 자신의 나이가 될 때까지 살겠다고. 우리는 그때까지 엄마가 건강할 가능성에 대해 함께 이야기했다. 그 아득한 미래를 생각하니 행복해진다. 젊어서부터 몸이 약했던 엄마는 나를 낳고 나서 혜은이가 스무 살이 될 때까지만, 꼭 그때까지만 살아도 좋겠다고 기도했단다. 그런 엄마가 내가 서른이 될 때까지 살았다. 살고 있다. 엄마와 함께 이 일기를 오래오래 쓰고 싶다.

2장

/

다른
누구도
아닌

내가
쓰여
있지

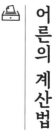

어른의 계산법

초등학교 3학년 때 부모님으로부터 용돈을 받기 시작했다. 나의 첫 용돈은 한 달에 3만 원이었다. 3만 원이라는 거금은 둘째치고, 그때의 친구들이 1일, 길어야 1주일마다 몇천 원의 용돈을 받던 것과 달리 한 달 단위로 용돈을 받는다는 것이 내겐 특별했다. 고작 열 살에게 3만 원씩이나? 내 기억을 의심도 해 봤으나, 그럴 때마다 떠오르는 생생한 장면이 그 숫자가 사실이라고 알려 주었다.

쉬는 시간에 친구들과 용돈 이야기를 나누던 중이었나 보다. 이쯤에서 끼어들면 좋겠다고 판단되는 타이밍에 "나는 한 달에 3만 원 받는데"라며 짐짓 별것 아니라는 듯 내가 말하자, 얼굴도 예쁘고 집도 부유해서 남몰래 부러워했던 친구가 나를 돌아보며 "진짜로? 3만 원? 너네 집 그렇게 부자야?"라고 묻던 장면 말이다. 가뜩이나 큰 그 애의 눈이 놀라 커다래지는 걸 보면서 나는 겸손한 척 어깨를 으쓱했던가.

장담컨대, 우리 집은 한 번도 부자인 적이 없다. 부자의 기준을 피곤하게 따질 필요도 없이 그렇다. 하물며 1999년. 그때는 더욱더 부자와는 거리가 먼 형편이었으리라. 그런데도 내가 갑자기 용돈을 요구했을 때 아빠가 "3만 원이면 되니?"라며 용돈을 주기로 했던 것은 나의 당돌함과 그때만 해도 젊었던 아빠의 허세가 보기 좋게 맞물린 결과라고 볼 수 있겠다.

나는 빨간색 미키마우스 반지갑 속에 들어 있는 3만 원보다 그만한 돈을 나에게 맡겨도 좋겠다고 생각한 부모님의 결정에 더 뿌듯해했던 것 같다. 실제로 부모님은 용돈의 저축 여부나 지출내역 같은 것을 한 번도 추궁하지 않았다. 용돈에 부여된 지나친 자율성은 오히려 모종의 두려움을 불러일으켰고, 그건 또래 친구들의 소비생활과는 확연히 구분되는 어른의 기분이었다.

그리고 지독한 용돈 인플레이션이 시작되었다. 99년도의 용돈은 중학교를 졸업하는 2006년까지 같은 금액으로 유지되었다. 불만은 없었다. 그때에도 내 용돈은 적은 편이 아니었으니까. 마침내 고등학교에 입학하며 7년 만에 용돈에 변화가 생겼다. "한 달에 5만 원이면 충분하지?" 지갑을 여는 아빠의 모습은 거짓으로라도 여유 부리던 예전과 사뭇 달랐다. 나를 둘러싼 세계를 새롭게 알아채는 일이 많았지만 모르는 척하며 성장하던 시기였다.

그 무렵 돈이 부족해서 생기는 난감함은 일기장에 꼭꼭 숨겨 두었다. 인상적인 소비 또한 그것대로 일기거리가 되었음은 물론이다. 친구에게 나도 엄마 카드를 쓸 수 있다는 걸 보여 주기 위해 엄마를 졸라 카드를 얻어 내 서울로 놀러갔던 날. 일기 옆에는 그날의 영수증이 고스란히 붙어 있다. 소렌토 런치세트 27,000원, 수노래방 10,000원, 젤라토 아이스크림 8,000원, 카페 파스쿠찌 9,500원. 토탈 54,500원. 한 달 용돈을 가뿐하게 넘긴 일요일이었군. 군데군데 잉크가 날아간 가운데 엄마의 이름으로 사인을 대신한 흔적만은 선명하다. 친구의 몫까지 카드를 긁으면서 나는 신이 났을까? 열여덟의 무구함을 서른하나에 마주하려니 좀 짜증이 난다. 어이구 이 답답한 애야, 소리가 절로 나온다. 철없던 시절을 잊을 순 있어도 아주 지워지진 않는다.

대학생이 되었을 땐 비장한 자세로 가계부를 마련했다. 자취를 했으므로 용돈의 규모가 제법 컸고, 주말 아르바이트도 했기 때문에 당장에 부자가 된 기분이었다. 그러나 중고등학생 시절과는 달리 하루도 거르지 않고 이어지는 소비 행렬에 자주 위기감을 느끼고 또 당황했다. 이 시기에 나는 내가 얼마만큼이나 마이너스를 만들어 내는 사람인지 제대로 확인할 수 있었다. 좀처럼 플러스로 돌아서지 않는 가계부나마 계속 쓰면서 양심의 가책을 느꼈던 걸 다행이라고 해야 할까. 4학년 여름방학, 마지막 아르바이트를 그만두기까지 착실히 썼던 가계부를 간직했더라면 아마 일기가 놓친 아주 다른 나를 발견할 수 있었을 것이다. 초 단위까지 기록되는 동선과 거짓 없는 소비내역. 영수증만큼 나를 적나라하게 드러내는 단서도 없으니 말이다. (그래서 일기장이 아닌 가계부를 버린 걸까?)

이제 와 기억나는 거라곤 다음 달이 돌아오기 전에 용돈과 주급이 자주 바닥나 아빠에게 SOS를 치던 내 모습뿐이다. "아빠, 나 3만 원만" 하면 흔한 잔소리도 없이 5만 원이, "혹시 5만 원 정도 보내 줄 수 있어?" 하면 7만 원이나 10만 원이 통장에 들어오곤 했었지. 아빠는 아직도 내 대학 시절 계좌번호를 외우고 있다. 인터넷뱅킹도 할 줄 몰라 매번 내 연락에 현금인출기를 찾았을 아빠를 왜 그때는 상상하지 못했을까.

초등학교 3학년 때 느낀 어렴풋한 어른의 기분은 분명 이런 게 아니었을 텐데.

손 벌릴 일 없이 제 앞가림을 하며 지내는 지금도 부모에게는 늘 신세를 지고 있는 기분이다. 월급을 떼서 돈을 부치거나 무슨무슨 날이라고 용돈을 내미는 일도 왠지 낯간지럽다. 돈 몇 푼으로 자식 노릇을 다하려는 것 같아 겸연쩍다.

엄마 아빠는 참 이상하다. 어린 내겐 한 번도 "도대체 어디다 돈을 쓰는 거니?" 나무라지 않았으면서 다 큰 내가 돈을 건네면 "네가 돈이 어디 있니?" 의아해한다. 그 앞에서 나는 가능한 한 말을 아끼며 돈을 건넨다. "있으니까 드리지. 그냥 쓰세요." 혹시나 그것마저 서른다섯, 마흔, 마흔셋, 혹은 쉰의 나에게로 돌아올까 봐 덧붙인다. "꼭 써. 어디다 모을 생각하지 말고."

졸업을 하고 사회생활을 하면서 40대 초반의 얼굴이었던 부모를 자주 떠올렸다. 젊고 미숙하고 그래서 뭐든 열성일 수 있던 두 사람을 생각하며 힘을 냈다. 하나밖에 없는 자식이 적어도 자신들의 어린 시절보다는 풍족하게 생활할 수 있도록 그렇게나 애썼는데도 나는 그들의 노력이 무색하게 결핍이 많은 시절을 보냈다. 이제야 그게 아쉽고 부끄럽다.

더는 일기장에다 영수증을 붙이지도, 수기로 가계부를 쓰지도 않는다. 모바일앱을 이용하기는 해도 메인홈은 현재의 잔고만 보여 줄 뿐, 디테일한 소비 과정을 읽기 위해서는 계좌마다 연결된 내역을 따로 들어가 확인해야 한다. 뿔뿔이 흩어져 있는 소규모의 현금들과, 추억도 반성도 없이 쌓여 있는 신용카드 사용기록들을 보면 어른은 아직도 한참 먼 곳의 일 같다.

그래도 예전만큼 부모가 필요하지는 않다고 느낀다. 이런 건 확실히 어른스러움에 가까운 자세일까? 어른이 된다는 건 슬픈 적응을 늘려 나가는 일인지도 모르겠다. 나의 슬픔은 겨우 이 정도에 머물러 있다.

◻ **2008년, 열아홉, 1월 11일**

엄마랑 고속버스터미널 지하상가로 쇼핑을 하러 갔다. 트위드 스타일의 체크원피스 8,000원, 안에다 받쳐 입을 새틴 소재의 검정 슬립 5,000원, 펄 스타킹 3,000원, 큐빅 포인트가 박힌 머리띠 5,000원. 2만 원 남짓한 돈으로 기분을 얻었다. 안국역으로 넘어와 비 내리는 인사동 거리를 바라보며 엄마랑 따뜻한 차도 마셨다. 내 마음에 쏙 드는 하루.

🏠 2008년, 열아홉, 1월 30일

내일 약속이 있는데 지갑에 4,000원뿐이다. 비상금으로 만 원 한 장 남겨 두지 않고 뭐했지. 그냥 집에 있자니 어렵게 엄마에게 외출 허락을 받은 G까지 나오기로 했단다. 아이고…….

🏠 2009년, 스물, 2월 11일

W의 졸업식. 같이 졸업하는 처지지만, 그래도 꽃다발을 건네면서 돈이 아깝다고 생각한 내가 조금 부끄럽네.

🏠 2016년, 스물일곱, 12월 2일

11월부터 한자 자격증을 따기 위해 공부를 하고 있다. 구차할/진실로-구(苟). 이 한자 풀이는 잔인하게도 다음과 같다. '글 하느라고 돈을 못 벌어 풀만 먹고 살아 생활이 구차하다.' n년째 글밥을 먹고사는 나는 공부하다 난데없이 구차해졌다.

🏠 2017년, 스물여덟, 12월 19일

한 책방으로부터 11월 판매수량에 대한 정산내역이 담긴 메일을 받았다. 이날은 이직 후 맞는, 세 번째 월급날이기도 했다. 문득 기업은행 계좌로 들어온 월급과 우리은행 계좌로 들어온 독립출판물 정산내역의 차이를 생각했다. 두 금액을 확인하는 나의 태도를 생각했다.

후자에 대해 나는 인스타그램에다 "늘 그렇듯 소액of소액이지만 더없이 귀한 의미의 돈"이라고 적었다. "잊을 만하면 도착하는 이런 소식들을 마주할 때면, 책을 만들기까지 내가 보낸 계절의 그 더운 바람이 불어오는 것 같다"라고 진득한 감상까지 남겼다. 마지막엔 "이런 걸 받아도 되는 걸까, 라는 생각은 잠시 접어 두기로 한다"라고 다짐하듯 덧붙였다.

직장생활 5년 차. 두 번의 이직을 하고 서너 번의 연봉협상을 하는 동안 나는 한 번도 이 같은 생각을 한 적이 없었는데. 무엇이 나를 수줍게, 때론 송구스럽게 만드는 걸까. 일상을 지탱해 주는 노동과 일상을 환기해 주는 창작은 무엇이 어떻게 다르냐. 내 안에서 얼마나 다르게 적혀지고 있나.

🔖 2019년, 서른, 5월 19일

어제 살까 말까 고민했던 책을 결국 오늘 사 버렸다. 책을 산 김에 카페에 자리를 잡고 차와 스콘을 사 먹었다. 여유로운 풍경으로 회상되는 오후가 우습다. 이제부터 말일이 될 때까지는 어떤 약속도 새로 잡지 말아야지. 돈을 아껴야지. 아낀다고 하고 싶은 것을 할 수 있는 상황이 생기는 건 아니지만. 그러면 마음을 아낀다고 달리 말해 볼까. 마음을 아끼면 아무것도 하지 않아도 괜찮을 것 같으니까.

시간차를 두고 휴대폰에 기록해 둔 오늘의 일기

1) 중고책 네 권을 판 돈으로 생리대 두 팩을 샀다. 딱 커피 한 잔 마실 수 있는 돈이 남았다. 동네책방으로 향하는 가벼운 발걸음. 아직 낮엔 좀 덥구나. 집에 갈 땐 오랜만에 자전거를 타야지. 모처럼 마음에 드는 하루를 보내고 있다.

2) 오늘 지갑에 들어온 현금은 이미 알뜰하게 다 썼지만, 집중해서 책을 읽다 보니 커피를 천천히 마시게 됐고 아까 카운터에서 주문할까 망설였던 당근케이크가 당연한 수순처럼 다시 먹고 싶어졌다. 카드를 꺼내 들고 이내 안 먹었다면 후회했을 뻔한 케이크를 행복하게 먹었다.

3) 챙겨 온 책을 필사하는 사이 맞은편 상점에 조명이 켜졌다. 이곳도 밖에서 보면 은은하게 빛나고 있을 것이다. 마침 퇴근을 한 동네친구가 연락이 왔다. 불과 일주일 전에 그 친구와 함께 이 책방에 왔는데, 친구는 너무 오래 연락을 안 한 것 같다며 건강히 잘 지내고 있느냐고 물었다. 고마워서 맥주를 사고 싶어졌다.

4) 친구와 전화를 끊고는 왠지 용기가 생겨 아빠에게 전화를 걸었다. 아빠는 저녁 반주로 막걸리를 마시고 있었는데, 나는 조금 망설이다 요즘 당신에게 가장 하고 싶었던 말을 조심조심

전했다. 아빠는 결국 모든 게 환멸스럽다는 듯 대꾸했지만 우선 내 이야기를 잠자코 들어 주었다. 그거면 됐다. 아직 그의 듣는 귀가 나에게로 열려 있다는 것. 나는 아빠의 남은 밤에 안부를 더했고 아빠는 더우니까 맥주라도 한 캔 마시고 들어가라고 했다.

5) 약속시간이 다 되어 그만 일어나려는데, 책장 한 컨에 샘플만 남은 책 한 권이 눈에 들어와 예약을 해 두었다. 책을 팔고 다시 책을 사고 맥주를 마시다 들어가는 하루가 되겠다. 이제 자전거를 타고 친구를 만나러 가야지.

모든 여름의 일기

사람은 보통 태어난 계절을 좋아하게 된다는데 나는 영 반대다. 사는 동안 많은 것을 미워했지만 10년이 넘도록 꾸준히 미워한 것은 여름이 유일하다. 지구의 기후 변화로 여름의 엉덩이가 점점 더 무거워지는 이 세계에서 여름을 미워하는 일은 얼마나 부질없는지. 그럼에도 미움의 선명도는 좀처럼 흐려질 기미가 보이지 않는다. 콩자반을 싫어하고 거미를 무서워하는 것과 같은 마음이다.

여름에 나는 대체로 기분이 좋지 않다. 아홉 살 무렵에 여름이란 선크림을 발라야 하는 계절이로구나 인식하면서부터

였던 것 같다. 우리 집 살림이 그리 넉넉하지 않았을 때에도 갖은 민간요법으로 피부미용에 남다른 투자를 해 온 엄마 덕분에 나는 스스로 준비물과 실내화가방을 잘 챙겼어도 선크림을 바르지 않으면 등교할 수 없는 여름을 보내곤 했다. 머리가 꽤 자라고 난 뒤에는 많은 친구들이 하복을 입으면서도 팔이나 다리에 선크림을 바르지 않고 다니는 걸 보고 좀 충격을 먹었던 기억이 있다. 이제는 내 자유의지로다가 사계절 내내 선크림을 꼼꼼하게 바르는 성인이 되었으니, 유년기 여름과의 싸움에서는 결국 엄마가 승리한 셈이다.

선크림과 나 사이에 전우애 같은 게 피어나도 여름과 나의 사이는 여전히 냉랭하다. 뭐랄까, 삘이 좀 통하지 않는다. 바다를 좋아하지만 여름바다라고 더 특별하게 느끼진 않는다. 차라리 겨울바다의 운치를 더 좋아한다. 와중에 물을 또 무서워하는데 이를 극복한답시고 고2 때부터 20대 중반까지 수영장을 기웃거렸지만 늘 킥판을 뗄 때쯤 돌연 역시 난 안 돼, 하며 관두기 일쑤였다. 자연히 호텔 수영장도, 비키니도(이건 수영 실력 탓은 아니겠으나), 수상스포츠나 펜션에서의 바비큐 파티도, 울렁이는 청춘의 무드와도 자연히 멀어진 채로 여름을 맞아 왔다. (한번은 친구가 가평에서 배우 서강준을 지척에 두고 물놀이를 즐겼다고 해서 내가 틀렸구나! 반성할 뻔했다.) 친구들이 하나둘씩 여행 계획을 세우는 동안에도 나는 세상을 관망하는 역할에 심취한다. 이런 내가 촌스럽고 재미없는 사람처럼 느껴지기도 한다. 여름이 굳이 내게 이런 기분을 선물하는데 좋아할 수가 있나.

여름이면 사방에서 공유하는 시끌벅적한 풍경은 그야말로 바깥의 몫이다. 그러나 나에게 여름은 안쪽에서 벌어지는 일들에 가깝다. 더위에 취약한 심신에 이때다 싶어 달라붙는 무기력증을 떼어 내느라 사투를 벌인다. 매일같이 일 단위 계획을 세워 가며 부지런을 떨어야 직성이 풀리는 사람인데, 여름에는 성질대로 자신을 볶을 수가 없으니 환장할 따름이다. 꼭 습기 찬 먼지처럼 내가 하나로 뭉쳐지는 것 같다. 부유하는 못난 생각이 쉬이 흩어지지 못하고 엉뚱한 심사로 꼬여 버리는 일도 여름에 유독 심하다.

여름은 이 불가항력적 태도가 타인에게 드러나지 않도록 인내를 기르는 계절이기도 하다. "더우니까 예민해져서 그래"라는 말로, 여름을 견디는 모든 이들과 같은 취급을 받고 싶지 않다. 학생 때는 그나마 방학이라도 있었지, 사회생활을 하면서 여름이 싫으네 어쩌네 하면 보양식으로 원기회복을 해야 한다느니, 이참에 살도 좀 빼고 휴가 계획을 세워 보라느니 정말 여름 같은 소리만 듣게 된다. 여름은 기껏 보양식을 먹고도 다이어트를 해야 하는 계절인 것이다. 어째서!

여름은 한여름의 내 머리칼 같다. 떼어 내도 자꾸만 목덜미에 달라붙어 나를 지치게 만든다. 편의점 파라솔 아래에서 캔맥주를 마실 때도, 밤 산책을 할 때도 나는 뒷목이 자꾸만 신경 쓰인다. 지금은 잠깐 서늘해졌을지 몰라도 끈적한 여름이 아직 거기 있음을 알기에. 여름을 좋아해서 겨울을 못 견디는 사람이 있다면 그이에게 계절 기분 트레이드를 요청하고 싶다.

여름이 미워도 일기는 빠짐없이 썼다. 단서 없는 감정, 쓸모없는 미움투성이어도 여름의 무기력으로부터 안전한 지대가 있다면 그건 바로 일기장일 것이다.

덜컥 책을 쓰게 되면서 일기 아카이빙 때문에라도 열세 번의 여름을 속성으로 복기해야 했을 때, 나는 내가 여름을 미워하는 이유를 찾을 수 있지 않을까 은근한 기대를 했다. 하지만 일기들은 어째서인지 적당히 침묵하는 모양새였다. 허술한 행간 사이에서, 한여름에도 뜨거운 물로 샤워하느라 빨갛게 익은 가슴팍으로 더운 숨을 내쉬는 내 모습만이 떠올랐다.

호기롭게 여름의 그림자를 밟다가 문득 무서워졌다. 여기서 더 끈질기게 이유를 찾다 보면 여름이 아닌 여름의 어떤 사람을 미워할 것 같다는 생각이 들어서다. 그게 나 자신은 아닐 거라 장담할 수도 없었다. 때로는 이유가 없는 감정이,

상황이, 더 나은 이해를 불러왔던 것을 기억하라며 스스로를 재촉했다. 정말로 그런 순간이 실재했는지는 의심스럽지만 다급하게 떠오른 경고를 우선 따르기로 했다. 그리고 아직 먼 여름에게 서둘러 일기를 남겼다. 더는 통제할 수 없는 것을 해석하려 들지 않겠다고. 앞으로도 미운 것은 그저 미운 대로 두면서 잘 미워하겠다고. 미움이 다른 곳으로 옮겨가지 않도록 말이다.

여름을 이토록 오래 곱씹은 겨울은 처음이다.

2011년, 스물둘, 6월 22일

어제부터 밤이 참 새벽 같다. 풀벌레 소리를 들으며 치대 앞 정류장에 앉아 있다 왔다. 학기 때보다 가로등이 빨리 꺼져 버린 안서호가 내 마음처럼 아득했다. 까닭 없이 지친 하루, 늘 그랬듯이 맑은 내일을 기약한다.

2011년, 스물둘, 7월 13일

하고 싶은 말, 하지 못한 말, 해야만 하는 말들이 찌꺼기처럼 머릿속에 달라붙어 있다. 예전 같았으면 그만큼 써 내려갈 글도 많아진다고 좋아했겠지만 요즘은 내가 기억하고 느끼는 많은 것들을 단 하나도 남기지 않고 몽땅 버리고만 싶다.

2012년, 스물셋, 8월 24일

텅 빈 시청각실. 수강신청에 열 올리는 이들로 가득했던 오전이 까마득하게 느껴진다. 뒤늦게 들어와 수강신청에 성공했는지 서로 손뼉을 치며 낮게 환호하는 남학생 둘과 눈이 마주쳤다. 나는 다시는 수강신청의 긴장을 느낄 수 없겠지. 도서관을 내 서재인 양 드나드는 일도 줄어들겠지. 이것만으로도 마지막 학기는 충분히 아플 것이다.

2015년, 스물여섯, 7월 5일

1일부터 부지런히, 달력을 빈틈없이 채우며 7월의 첫 주를 보냈다. 어제는 이전에 들어 본 적 없는, 하지만 듣자마자 좋은 노래라고 감이 오고 마는, 신선한 노래들을 들으며 오랜 여행을 떠나고 싶었는데 오늘 아침이 밝으니 또 모르겠다.

2015년, 스물여섯, 8월 6일

10년 동안 한 줄도 똑같은 일기를 쓴 날이 없다. 그래도 어떤 패턴 같은 것이 있어서, 이맘때쯤이면 나는 무기력해지는 구나 싶다. 사람은 잘 변하지 않는다.

🏠 2018년, 스물아홉, 7월 3일

늘 조금씩은 가난하다. 언제나. 조금씩은 불행하고 조금씩은 우울하다. 특별할 것 없는 감정인데 나는 왜 이렇게도 스트레스에 취약할까.

🏠 2019년, 서른, 6월 11일

결국 여름이 왔음을 인정하고 패배감으로 귀가한 오늘. 마침 읽고 있는 소설 제목이 《가을》이어서 어쩐지 부적을 대하듯 읽어 낼 것만 같다. 비록 첫 문장은 이렇게 시작하지만……. "최악의 시절이자 최악의 시절이었다."

좋아하는 일의 심보

내가 좋아하는 것들은 조금씩 멀리 있다. 우선 엄마 아빠가 (정확히는 본가가 제공하는 안락함이) 멀리 있다. 단골 책방도 왕복 세 시간 거리에 있다. 하필이면 그 동네는 책방 말고는 도무지 볼일이 생길 만한 구석이 없어서 오직 책방을, 책방 사장님만을 위해 시간을 내야 한다. 그리고 대만에 사는 애인. 내가 좋아하는 사람 중 가장 먼 곳에 산다. 또한 나의 첫 유럽, 두 달 동안 내 심연만 들여다보느라 추억이 부실한 베를린도 실은 무척이나 그리운데, 참 어지간히 멀리도 있네.

애인과 사귄 지 얼마 지나지 않아 애인의 가족이 키우기 시작한 고양이 두 마리도 겨우 몇 달에 한 번씩 품에 안을 뿐이지만 몹시, 깊이 좋아한다고 확신할 수 있다. 또 뭐가 있을까……. 이제는 무슨 수를 써도 닿을 수 없는 사노 요코가 있구나.

이런 식이라면 끝없이 나열할 수 있다. 멀리 있는 존재라야 아름답기 때문만은 아니다. 오히려 농담처럼 떠올린 좋아하는 것들의 목록 사이로 구린 의도가 읽힌다. 물리적인 거리를 핑계로 좋아하는 마음에 소홀해도 괜찮다고 여겨 온 내가 보인다. 여러 가지 이유로 좋아하는 마음을 거두고 싶어질 때, 처음부터 각자의 세계가 너무 멀었다고 탓하는 내가 그려진다. 처음에 당신들을 조금씩만 알고도 좋아했듯이, 여기서 무얼 더 알아야 할 필요도 없지 않겠느냐고. 애써 쿨한 척하려는 속셈이 어설프게 숨어 있다.

마음이 기억하는 상처들 대부분이 성급하게 굴다가 생겨 버렸기 때문일까? 이제는 상대를 어느 정도 알았다고 자신한 뒤에도 서둘러 나를 드러내기보다 적당한 거리두기를 택하는 편이다. (물론 종종 실패한다.) 그들을 향한 나의 마음이 그들에게로 온전히 흡수되지 않으면 도로 나에게로 와르르 쏟아지는 걸 감당할 재간이 아직 없다. 나를 벗어난 마음은 이미 내 몫이 아닌데, 나는 그 마음을 자주 간섭하려다 후회하곤 했다.

언제부턴가 좋아하는 감정이 생기면 마음을 여는 대신 벽을 세우는 데 더 공을 들였다. 사랑이 아닌 경우에도 그랬다. 사랑이 아닌 때에 보통의 우정과 신뢰를 쌓아야 하는 인간관계에서 벽은 더욱 견고해졌다. 결국엔 나도 그 벽에 부딪힐 거면서, 기꺼이 가까워지려는 시도에 지고 말 거면서 말이다. 쉽게 마음을 내주면서도 내가 얼마나 엉망인지 들킬까 봐 조마조마한 채로 웃고 떠들고 부둥켜안고 부어라 마셨던 것 같다. 그러는 사이 나를 보기 좋게 가리는 데에 늘 조금씩은 실패했다는 걸 안다.

기억은 시간을 입고 미화된다는데, 나는 많은 것들이 부지불식간에 선명해지기만 한다. 일기를 쓴다고 반드시 더 나은 사람이 되는 건 아니지만 적어도 자기기만에 빠지는 염려는 덜 수 있어 다행이다. 다만 스스로를 '솔직히 너 그때 그랬잖아'라고 지나치게 몰아세우다 보면 둘 중 하나로 기우는 것 같다. 부끄러움을 동력으로 마음을 다잡게 되거나, 아예 자기를 싫어하게 되거나.

나는 여전히 이 사이를 자주 오간다. 그러는 동안 먼 곳에 있는 좋아하는 것들의 목록을 떠올리면 나 자신과도 거리가 생기는 것 같아 좀 안심이다. 좋아하는 마음에 너무 사로잡혀 있지 않아도 되는, 안전하고 쾌적한 기분이다. '솔직히……'로 시작하는 추궁이 지워진 넉넉한 간격은 나를 잠시 '덜 좋아하는 사람'으로 만들어 준다. 그리고 무언가를 덜 좋아하고 있는 상태는 느긋하고 무신경하다. 누구에게나 그런 평온이 필요한 순간이 있다.

하지만 이런 헤아림이 다 무슨 소용일까? 결국 가까이에도, 멀리에도 사방이 온통 좋아하는 마음뿐이란 소리인데.

🗓 **2018년, 스물아홉, 10월 5일**

소중한 건 보이지 않는다고 하지. 그걸 알았을 땐 이미 너무 늦은 거라고. 그런데 난 다 안다. 마치 젊은 날에 젊음이 얼마나 좋은지 다 알았던 것처럼. 알면서도 혹은 알아서 함부로 써 버리고 있는 스스로가 억울하고 원망스러웠을 뿐이다. 무엇이든 소중한 건 이미 너무 많이 잃어버린 것 같아 두렵다.

🗓 **2019년, 서른, 4월 26일**

나는 L의 또래답지 않은 초연한 태도가 좋은데, 가능한 한 L의 이런 모습만 볼 수 있다는 것이 특히 좋다. 좋아하는 이의 모든 것을 속속들이 알 필요 없이, 그가 우리에게 보여 주고 싶은 모습만, 무엇보다 그것이 나에게도 마음에 드는 형태로 비춰지는 모양을 나는 좋아하는 것이다. 그런데 이런 관계는 좀 비인간적인 걸까? 요즘은 내 안에 꽈리를 트는 좋아하는 마음에 대해 자주 생각한다.

＊ L은 내가 좋아했던 아이돌 그룹의 멤버다. 지금은 '탈덕'한
상태.

🗂 2019년, 서른, 12월 2일

애를 먹었던 원고 하나를 퇴고 중인데 완성했을 때에도 석연치 않
더니 퇴고도 말썽이다. 마침표에 닿을 듯 말 듯 겉도는 느낌이 아
무래도 솔직하지 못해서 그런 것 같은데, 어디까지 솔직해져야 하
나 고민이 된다. 내가 충분히 솔직했다 여기는 순간에 글도 못 이
기는 척 적당히 따라와 주면 좋을 텐데, 글은 종종 나를 가장 바닥
까지 몰고 간다. 다시 써 보라는 듯이. 그걸 자주 외면하고 싶어서
이렇게 힘이 드나 보다. 나는 때때로 솔직하지 않은 채로도 솔직
할 수 있다고 생각하는데, 그걸 글로 풀어내기가 참 어렵네.

이 악물고 감사일기

휴학 한 번 않고 대학을 졸업했고, 졸업하기도 전에 취업을 해서 졸업식에 참석할 땐 월차를 써야 했다. 일기를 쓴 13년 중 꼬박 절반을 4대 보험을 적용받는 직장인으로 보냈다. 첫 직장에서 1년 4개월을 일하고 퇴사 의사를 밝혔을 때, 사장은 갑자기 폭언을 퍼붓더니 퇴직금을 실업급여로 대체하겠다고 못을 박았다. 근속연수가 긴 직원들만 골라 툭하면 월급을 연체하는 무책임하고 뻔뻔한 사장도 만나 보았으며, 사장의 민낯을 마주한 적은 없었지만 최단 근무 기간 동안 최다 병원 신세를 진 곳도 있다. 그곳에서 동갑내기 동료는 방광염을 얻었고 나는 입사 5개월 만에 출근길 지하철에서 눈앞이 캄캄해지는 바람에 미주신경성 실신이 의심된다는 진단을 받았다. "자꾸 쓰러지면 큰 병원에 찾아가 보시는 게 좋을 거예요." 회사 인근 내과에서 받은 소견서를 시한폭탄처럼 간직하면서, 두 달 간격으로 지하철에서 위험한 순간을 맞으며 꼬박 8개월을 더 일했다.

그 무렵 동료와 내가 주고받은 쪽지나 편지 들에는 "우리는 예민하니까……"라는 말이 적혀 있곤 했다. "예민해서 그래" "너무 예민하게 생각하는 거 아니야?" 우리가 서로를 알기 전부터 각자의 세계에서 숱하게 들어 온 그 말들에 질렸으면서, 결국 같은 말을 끌어다 현실을 이해해 보려 했던 모습은 여전히 서글프게 남아 있다.

후우우우. 집에 돌아와 현관문을 세게 닫으면 기다렸다는 듯 새어 나오던 긴 한숨을 기억한다. 혼자 사는 내게 집은 가장 큰 귀이면서 동시에 가장 조용한 입이다. 어떤 것을 쏟아내도 딴 곳으로 새어 나갈 걱정이 없다. 현관문에 들어서자마자 이어지는 일련의 동작은 하루가 아직 끝난 게 아니라 새롭게 시작하고 있음을 알린다. 신발을 벗는다 → 화장실에 간다 → 현관에 내려놓은 가방을 정리한다 → 부엌으로 등을 돌려 가스레인지를 켠다. 짧은 동선 속에서 내 몸은 마치 인류의 진화 단계처럼 굽어 있다 서서히 펴진다. 싱크대 앞에 서서 저녁거리를 뚝딱거리다 보면 아까의 한숨이 머쓱해지기도 했다. 다들 이만큼은 힘들어하며 사는데 확실히 내가 너무 유난을 떠는 거라고. 날마다 좋아서 출근하고 산뜻하게 퇴근하는 사람이 몇이나 되겠느냐고 자문하며 스스로에게 억지 다짐을 받아내곤 했다. 그러니까, 괜찮지? 괜찮은 거다?

'회사인간'으로 지내면서 나는 불행을 보통으로 축소하고 행복을 망극하게 여기는 데에 익숙해져 갔다. 그게 잘 안 되는 시기의 일기들은 자주 극단을 향해 있다. 의심과 확신, 조언과 비난, 수긍과 부정 사이를 바삐 오갔다. 어느 쪽이든 다음 날 아침엔 출근을 하면서 간밤을 기만해야 했다. 어쨌든 출근할 수 있음에 감사하기로 어젯밤 나와 약속했으니까.

아직도 사람 많은 지하철을 타면 식은땀이 흐르면서 욕지기가 밀려와 아무 역이고 중간에 내려 공중화장실로 달려갈 때가 종종 있다. 당장이라도 주저앉아 와르르 쏟아 낼 것 같은 순간을 넘기고 나면 노트북 거치대 아래에 보관해 둔 흰 소견서가 떠오른다. 어떤 경험의 흔적은 물론 아프지만 더는 회사를 탓하지 않는다. 회사를 나와서 가장 좋은 점은 회사를 탓하지 않아도 된다는 것일지도 모른다.

세 번째 이직을 시도하지 않고 프리랜서에 도전한 데에

는 여러 이유가 있지만, 이것저것 핑계대고 싶지 않았던 마음이 컸다. 느껴 마땅한 피로였음에도 애매하게 투정하는 나를 더는 마주하고 싶지 않았다. 그리하여 맞닥뜨린 프리랜서 생활은 정말 심플했다. 돈을 버는 일은 언제나 유쾌하지 않지만 내가 선택한 일만 할 수 있었고, 어떤 일이든 최소한의 사람과 접촉하면 되었고, 얼굴을 대면하지 않는 일이 더 많다는 점에서 해방감을 주었다. 물론 그만큼 통장 잔고도 단출해졌다. 어떤 달에는 당장 20~30만 원이 없어 발을 동동 구르기도 하므로 일에 대한 불안을 떨칠 수는 없지만, 그럴 때에도 오직 나 자신만을 탓할 수 있어서 차라리 후련했다. 시스템을, 상사를, 월급을, 점심시간을, 인근 식당들의 음식값을, 뜨거운 물이 나오지 않는 화장실을, 배차 간격이 제멋대로인 경의중앙선을 매일같이 탓하지 않아도 되어서 좋았다.

누군가 프리랜서로 전향해서 가장 좋은 점을 묻는다면 각오했던 일만 감수해도 되는 것이라고 답하고 싶다. 예고 없이 일이 끊기거나 이달에 일한 금액이 두 달, 혹은 세 달 뒤에 입금된다고 통보받는 것. 내가 각오한 최악의 상황이란 이런 것들이었고 1년 사이에 모두 겪어 보았다. 그 상황들이 갑자기 잡힌 회의보다 나를 덜 초조하게 만드는 걸 보면서 꽤 허탈했다. 다시는 회사인간이 되지 못하면 어떡하지, 라는 두려움도 잠깐 스쳤다. 하지만 이런 고민은 쓸데없다. 지금보다 단 몇 푼이라도 더 많은 돈이, 정기적인 수입이 반드시 필요한 상황이 닥친다면 주저 않고 취업을 해 버릴 테니 말이다. 그때에도 다시 취업할 수 있음에 감사한 마음으로 임할 나를 안다.

자아존중감을 높이고 다친 마음을 스스로 치유하는 방법으로 심리학 서적이나 상담센터에서는 흔히 명상이나 감정일기, 감사일기 등을 제안하곤 한다. 내 주변에도 자신을 돌보는 성실함을 습관 들이기 위해 감사일기를 쓴 뒤 SNS에 공유하는 이들이 있다. 그들이 발견한, 혹은 발견하려고 애쓴 감사의 흔적들을 읽으면 하나같이 귀엽고 뭉클하다. 어떤 감사는 나의 하루에도 충분히 있을 법한 것들이어서 대신 안심하기도 한다.

쓰기만 해도 행복해지거나 쓸수록 힘이 나는 일기는 결코 아니지만, 내게도 감사일기라고 부르고 싶은 것이 있다.

양상추의 시든 잎들을 떼어 내고 먹을 만큼만 뜯어 접시에 올린다. 올리브오일을 한 바퀴 두르고 소금을 몇 꼬집 뿌린 다음 그 맛을 상상해 본다. 엄마가 쪄 놓고 간 고구마는 옛 애인이 선물해 준 전자레인지 안에서 데워지고 있다. 조촐한 저녁. 오늘 하루 허비한 나의 노동력과 정신적 에너지는 이렇게도 쉽게 보상된다. 샤워를 마치고 젖은 머리칼이 적당히 마를 동안 침대헤드에 기대 음악 몇 곡을 들으며, 조금 더 근사한 기분으로 밤을 맞는다. 오늘도 여기까지 다다르는 동안 무슨 일이 일어났는지는 중요하지 않다. 왜 버스를 40분이나 기다렸는지, 세탁실의 물은 왜 나오지 않는지, 나는 왜 혼자 살아서 모든 짐을 혼자서만 끌어안고 있는지, 내가 그저 나 하나만 견뎌도 되는 걸 감사하게 여겨야 하는 건지.

이 악물고 써 내려간 일기를 곱씹으려니 쓴맛이 난다. 어금니 사이로 짓이겨진 감사의 맛이다. 간신히 자신을 지키고 얻은 감사는 달콤하기보다 씁쓸하다. 남은 날도 전부 이런 식으로 살아야 하나. 감사에 의심이 끼어들어도 별수 없다. 인생은 감사를 학습하는 긴 여정인지도 모르겠다. 그저 모든 순간에서 감사를 찾느라 아무 순간에도 감사하지 못하는 함정에 빠지지 않기를 바랄 뿐이다.

📖 2013년, 스물넷, 10월 30일

퇴근을 하고 홀로 집에 돌아가는 길이면 지나치게 격양되어 있는 나를 느낀다. 주머니에 찔러 넣은 주먹에서는 몇 줌의 피곤이 새어 나오고 있다. 약간의 허기짐을 느끼며 버스정류장으로 향하는 내 모습에 괜스레 화가 난다. 6시만 넘어도 깜깜해지는 저녁하늘의 위태로운 경호를 받으며 얌전히 현관문의 비밀번호를 누르는 것이 어쩐지 억울하다. 다시 또 시작돼 버린 오늘의 레이스에 어느덧 최선을 다하고 있는 내가 신기하다. 투정을 부리면서도 어떻게든 안쪽 레인을 사수하기 위해 더 열심히 달리는 내 모습은 참 익숙하면서도 낯설다.

📖 2018년, 스물아홉, 10월 28일

어떤 하루를 보냈건, 큰맘 먹고 산 고급 바디용품과 기초케어 제품을 하나하나 꼼꼼히 펴 바를 여유는 늘 남아 있음 좋겠다. 보송한 팔다리와 쫀쫀한 얼굴에 닿는 침구의 감촉 따위를 만끽하다 이내 까무룩 잠들었으면 좋겠다. 꿈속까지 데려가지 않을 자신 있는 고난만 감당하고 싶다. 이불은 머리끝이 아닌 가슴께까지만 덮고 싶다. 진심을 나눈 만큼 진실하고 싶다. 대책 없이 응원을 받아먹고 덜컥 위선이 자랄까 겁이 난다.

만들 수 있는 반찬의 가짓수를 늘리고 젓갈의 구분이나 유통기한 따위를 익히다 보면 언제나 모자란 내가 조금은 만족스러울지도 모른다. 아니, 유의미한 하루를 보내야 한다는 우스운 집착만이라도 덜 수 있다면 좋겠다. 불안하지 않으면 안 될 것 같아 불안해하고, 불안해하면 안 될 것 같아 의연한 척하지 말고.

🗓 2019년, 서른, 11월 11일

퇴사 후 1년. 내 생활을 점검해 본다. 남들 일할 때 나도 일하고, 남들 쉴 때 글을 써야 겨우 먹고살면서 하고 싶은 일을 끌고 갈 수 있다. 퇴근 후 남은 시간과 에너지를 쪼개서 무엇이든 붙잡으려 했던 때와 별반 다르지 않다. 새벽을 다 써 버리고 대낮에 일어나도 괜찮은 날이 있다는 것 정도가 이득이랄까.

더는 "시간이 없어"라는 말을 핑계 삼을 수 없게 됐다. 그래도 일상을 원하는 만큼 가꾸기에는 빠듯한데……. 돈은 당연히 그냥 부족하고. 그런데도 지금이 퍽 마음에 들어서 큰일이다. 계속 이렇게 살고 싶다는 거잖아! 근 1년처럼 내가 나를 몽땅 책임지고 있다는 감각이 선명했던 때도 없는 것 같다. 그래…… 고생했고, 더 고생하자.

🗓 2020년, 서른하나, 1월 21일

"되게 든든한 사람 같아요."

새로 호흡을 맞추게 된 동료가 스치듯 건넨 말. 비로소 먼저 일한 사람이 되게 하는 말. 따뜻한 두유라떼 그런데 사이즈 같은 말(오늘 일 마치고 따뜻한 두유라떼를 그런데 사이즈로 시켜 마셨다).

취향의 있고 없음에 대하여

블로깅을 하다가 흥미로운 포스트를 발견했다. 블로그 이웃한 분이 '버려진 취향'을 공유하는 모임에 다녀와 남긴 후기였다. 한때 지독히도 탐닉했지만 더는 내 취향이 아닌 것을 갖고 와 타인의 그것과 공유하는 행사였던 모양이다. 글과 함께 게시된 사진은 하나같이 뭉클했다. 그것이 한때 얼마나 그들에게 꼭 맞는 취향이었는지를 증명이라도 하듯 손때 묻은 흔적들이 가득했다.

어떤 이는 꽤 커다란 파우치를 립스틱으로만 채워 왔는가 하면, 또 어떤 이는 어렸을 때부터 손편지를 모아 둔 낡은

일기 쓰고 앉아 있네, 혜은

박스를 가지고 왔다. 토이 카메라와 하이힐, 그리고 책갈피도 저마다 한 자리씩 차지했다. 이웃의 성의 있는 후기 덕분인지 몰라도, 버려진 취향으로 치부하기엔 전부 애틋한 구석이 있었다. 립스틱을 발색하고, 하이힐을 쓰다듬고, 비눗방울을 불어 보고, 낡은 엽서를 조심스레 꺼내 들고, 책갈피의 질감과 희귀한 향기를 느껴 보는 행위가 사랑스러워 보였다. 이것이 나의 버려진 취향입니다. 아름다운 이별이 있다면 이런 모습이겠지. 아니, 극적인 재회라고 해야 할까. 모임에 참여한 이들 중 몇몇은 잊고 있던 취향을 다시금 탐하게 될지도 몰라. 스크롤을 하면서 멋대로 상상했다.

생각은 나의 버려진 취향으로 옮겨졌다. 그런데 취향이란 게 형성된 이래로 좀처럼 바뀐 내역이 없는 것 같아 당황스러웠다. 초등학교 고학년 때부터 친구들과 노래방엘 가는 게 방과후 주요 일과였던 나는 이제 혼코노(혼자 코인 노래방)를 즐기고, god에서 동방신기, 그리고 슈퍼주니어로 다져진 덕력도 건재하다. 예전처럼 본진을 두지는 않되, 범람하는 신인들의 무대를 예의주시하는 아이돌 박애주의자로서 말이다. 독서의 장르를 넓히고 싶지만 수험생 시절부터 시작된 한국문학을 향한 외사랑도 여전하다. 지나가는 말이라도 "한국소설은 재미없잖아"라는 소리를 들으면 화부터 난다. 미니홈피를 시작으로 시대의 부름을 받은 SNS 채널마다 헤비유저로 활동하는 것도 변함이 없다. 나를 취향의 관점으로만 본다면 노래방에 가거나 덕질을 하다가 화가 날 것 같으면 소설을 읽고 포스팅을 하는 인간으로 설명할 수 있겠다.

아무리 생각해도 더해진 취향이 있을 뿐, 버려진 취향은 없어 보인다. 대학 시절 고속버스터미널 지하상가에서 패턴별로 사들인 싸구려 꽃무늬 원피스를 꼽을까 하다 지난 대만 여행들에서 1년 간격으로 사 온 꽃무늬 원피스 두 벌을 기억해 냈다. 빈도가 줄고 가격대가 높아졌을 뿐, 취향은 변하지 않았다. 재미가 없네.

내가 새로움이 없는 사람인 데에 이유가 있다면 일기 탓으로 돌리고 싶다. 조금도 열중할 필요가 없는 일, 그저 하루에 하나씩, 그날 뭐했는지를 기억나는 대로, 혹은 기억하고 싶은 대로 적어 두면 되는 일. 일기는 나를 꾸준하게, 꾸준한 데서 재미를 느끼는 인간으로 만들었는지 모른다.

그런데 일기 쓰기도 취향이라고 부를 수 있는 걸까? 영화 〈소공녀〉의 주인공 미소에게 취향이란 어떤 상황에서도 절대로 포기할 수 없는 무언가로 보인다. 집과도 바꿀 수 있을 만큼 제 취향에 대한 확신이 미소에게는 있다. 집이 주는 최소한의 안락함이 미소의 취향 밖이어서가 아니라, 뭔가를 재고 따져야 할 때 다른 무엇보다 언제나 우위에 있는 것이 담배와 위스키일 뿐이다.

미소를 떠올리면 내 취향들은 세간의 검열로부터 얼마나 안전한가. 노래를 부르는 데에는 한 곡당 500원만 있으면 된다. 또 노래방에 가지 않고도 얼마든지 부를 수 있는 게 노래다. 책은 물론 직접 구매하는 재미가 크지만, 상황이 여의치 않다면 도서관이라는 근사한 피신처가 있다. 내 개인 서재와 질적으로나 양적으로나 비교할 수 없음은 물론이고, 여름엔 시원하고 겨울엔 따뜻하니 때론 집보다도 낫다. 마지막으로 일기. 일기야말로 내가 가진 취향 중에서 돈과 에너지로부터 가장 자유롭다. 내 취향들이 이토록 소비와 적당한 거리를 두고 있음을, 새삼 깨닫는다. 덕분에 취향을 오랫동안 쉽게 누려 왔던 건 아닐까. 노력해서 얻어지는 성질이 아니므로 포기하거나 버려질 일도 없는 채로 말이다.

나는 인생이 비교적 쉬울 때나 유독 어려울 때나 사방이 자주, 온통 깜깜하다고 느끼는 사람이어서 그럴 때마다 본능적으로 닿기 쉬운 것을 찾으려 했는지 모르겠다. 당장 입을 벌리면, 손을 뻗으면, 금세 나를 위로할 수 있는 것들엔 주로 노래와 일기장이 있었으니까. 가장 시답지 않은 것들이 가장 절박한 순간의 나를 구해 준 것만은 확실하다. 아무 말도 듣고 싶지 않을 때에도 내 목소리만은 들을 수밖에 없게, 하루가 뭐 이따위인지 울컥 화가 치밀 때에도 그것을 기록할 수밖에 없게 말이다. 삶 바깥으로 밀려나는 것도 나지만 그런 나를 붙잡아 삶 속으로 떠미는 것도 나였다. 취향이 그걸 가능케 했다. 노래했던 나, 일기 쓰는 내가.

세상은 비싸고, 좋아했던 것들은 모두 사라지지만* 노래와 일기는 언제까지나 걱정이 없다.

📖 **2012년, 스물셋, 2월 9일**

Jamie Foxx - Heaven

────────────────────────────

📖 **2013년, 스물넷, 2월 9일**

오랜만에 제이미 폭스의 헤븐을 들어 볼까. 이래서 일기를 쓰는 일이 좋다는 거다. 사소한 추억도 간과하지 않을 수 있어서. 일기를 쓴다는 건 스스로의 삶에 보다 충실하다는 것. 귀 기울이고 있다는 것. 역시 일기는 십년일기장에 써야 제맛이다.

────────────────────────────

＊　전고운,《소공녀》, 비단숲, 2018, 7쪽, "세상은 비싸고, 좋아했던 것들은 모두 사라지지만, 부디 여러분 모두에게 미소가 함께하길 바라며."

📖 2015년, 스물여섯, 7월 26일

얼마 전 길에서 고등학교 때 친하게 지낸 여자애를 만났었다. 고교 생활 중 2년을 같은 교실에서 보냈는데, 오랜만에 더콰이엇의 예전 앨범들을 차례로 듣다가 그 애 생각이 났다.

열여덟, 새 학기가 시작되고 얼마 지나지 않아 우리는 소울컴퍼니 노래를 들으면서 친해졌다. 특히 키비의 <덩어리들>과 더콰이엇의 <닿을 수 있다면>을 즐겨 들었다. 모두 노랫말이 예쁜 음악이다. 외우라는 영어 단어는 안 외우고 손바닥만 한 단어장 대신 백과사전만 한 십년일기장에 반짝이는 펜으로 적은 <constellation(별자리)>의 뜻도 여태 기억하고 있다.

그날 우리는 프로필 사진으로만 보던 서로의 숏컷과 반다나를 칭찬하며 헤어졌다. 꼭 다시 보자고 했는데 내가 먼저 연락할 용기가 생겼으면 좋겠다. 에픽하이의 밴을 쫓던 계절을 기억하냐고, 타블로의 딸 하루가 참 예쁘지 않냐고, 아직도 투컷을 좋아하느냐고 물어볼 거다.

📖 2019년, 서른, 6월 20일

믿을 수 없는 일이 일어났다. 일기를 쓰기에, 일기에 대한 일기를 쓰기에 오늘처럼 좋은 하루는 없을 것이다. 이 지독한 여름에 이런 행운이 내게 오다니. 그러나 연거푸 커피를 마셔대도 피로가 가시지 않는 고단한 날처럼 책을 내도 내 인생이 달라지진 않는다는 걸 나는 잘 알고 있다.

편집자님과 미팅을 마치고 저녁엔 우리 동네 책방에서 열린 문보영 시인의 북토크에 참석했다. 행사가 끝나고 돌아가는 길, 옆옆자리에 앉았던 여자가 나와 같은 버스를 기다리며 알은체를 해 왔다. 버스에 올라타서도 살갑게 굴며 내 옆자리에 앉은 그녀는 나보다 세 살이 어렸는데, 요즘 자신이 겪는 고민에 대해 짧고 밀도 높게 털어놓았다. 그녀의 직장도, 가장 가까운 버스정류장도, 나이도 알게 되었는데 정작 이름을 묻지 못했다. 나는 그녀가 내릴 때 손을 꼭 잡고 "잘자요"라고 말했다. 언젠가 동네에서 우연히 마주치면 꼭 이름을 물어봐야지. 같이 차 한 잔을 할 수 있다면 좋을 것 같다.

침묵을 세어 봅니다

스무 살 여름방학. 아르바이트를 가는 길이었다. 웬 무리의 사람들이 역 근처에서 전단지를 배포하고 있었다. 얼핏 봐도 요란한 인쇄물에 걸음을 재촉하려는데 가까이에서 눈에 든 글씨가 짐작과는 다른 목소리를 내고 있었다. "날치기 언론악법 원천 무효!" 나는 그 전단지를 받아 가방에 접어 넣고선 마저 서둘렀다.

2009년 8월 8일. 그날의 일기 위에는 조각난 전단지가 한 장으로 이어 붙어 있다. 그 사이즈가 꼭 일기장만 한 탓에,

2009년보다 위에 있거나 밑에 있는 다른 해 8월 8일의 일기들도 전부 가려져 있다. 게다가 "MB의 언론악법", "재벌 방송"과 같은 문구 때문인지 그날의 일기는 서울시립미술관에 르누아르 전시를 보러 갔다는 8월 7일의 일기나, 두 시간 연장근무로 지친다는 8월 9일의 일기와는 전혀 다른 온도를 지니고 있다. 혼자서 더 뜨겁고, 또 혼자만 서늘하다.

종이는 빛바래졌어도 전단지에 새겨진 활자 하나하나는 여전히 또렷하다. 그중에서도 "재벌 방송, 조중동 방송이 나랑 뭔 상관?"이라고 역설하는 빨간 질문이 멈칫하게 만든다.

종합편성 채널이 문을 연 지도 10년이 다 되어 간다. 그동안 나는 대기업과 신문사가 방송국을 갖는 게 얼마나 위험한지는 띄엄띄엄 체감하는 반면, 즐겨 봤던 프로그램을 당장에 다섯 개도 더 댈 수 있는 시청자가 돼 버렸다. 팩트 대신 스토리텔링 기반으로 생산되는 가짜뉴스의 범람에는 잔뜩 열을 올리면서도, 이와 다를 바 없는 품질의 시사 토크쇼를 제작하는 방송사의 드라마나 예능 콘텐츠 앞에서는 울고 웃는다.

10년 전에 받은 전단지 글은 "우리 다음 세대의 꿈과 자유를 지키는 일입니다"로 끝을 맺는다. 비장한 문구에 가슴이 답답해진다. 다음 세대, 꿈, 자유. 한때는 내 것처럼 느껴졌던 단어들인데 너무 쉽게도, 그것들과 멀어지기를 택한 것 같다.

무심코 넘긴 반 미디어법 홍보물 뒷면에는 용산참사 유가족의 호소문이 있다. "반년을 넘길 수 없습니다"라는 제목의 글은 나를 먹먹하게 했다. 시간은 반년에다 무려 11년을 더해 오늘에 다다랐다. 남일당 망루가 불탔던 11년 전이나 지금이나 낯선 이름과 얼굴들 옆으로 "사죄", "처벌", "생존권"과 같은 단어가 눈에 띄었다. 그 말만은 너무나도 익숙했다. 기분 나쁜 기시감. 찾아보니 용산참사는 과연 현재진행형이었다. 오래도록 사과는 없었고, 또 다른 철거민의 현실이 비슷하게 반복되었다. 주상복합건물은 이전보다 더 흔해졌고 분양 광고 전단지는 그보다 더 흔해졌다.

평소에는 잘 참아 왔던 자신을 원망하기 좋은 때가 있다면 바로 이런 순간이다. 무언가에 자주 늦게 아연하고 마는, 세상의 한가운데가 아니라 테두리에서 이토록 아늑하게 탄식하는 내 모습에 말이다. 문득 이것은 효율의 문제라는 생각도 든다. 눈꺼풀도 귓바퀴도 입술도 이미 그 모양부터 바깥을 향해 열려 있는데, 감각의 촉수가 오직 나를 향해서만 뻗어 있다는 건 아무래도 아까운 일이다.

《시절일기》에서 김연수 작가는 이렇게 썼다. "고통이라기보다는 불편함에 가까운, 우리 내부의 타자. 그 불편함을 견디지 못하고 슬퍼한 뒤에야 우리는 우리 안의 이 타자를 애도 하는 게 불가능한 일이라는 걸 깨닫게 된다. 타자에 대한 윤리의 기본은 그냥 불편한 채로 견디는 일이다."

나만을 간신히 지탱해 온 일기장에 나도 이제 견딤을 알려 줄 작정이다. 2009년의 여름이나 2014년의 봄, 또는 맥없이 잊힌 어떤 계절을 똑똑히 보았음에도, 잠깐의 견딤만이 시도되었던 날들에 진 빚을 조금이나마 갚을 수 있기를.

🏠 2012년, 스물셋, 12월 5일

눈은 절대 소리 없이 내리지 않는다. 우산을 쓰면 눈이 비행하는 소리를 들을 수 있다. 그러고 보니 비도 우산을 썼을 때 그 소리가 더욱 크게 들린다. 무언가로부터 보호받는다는 건, 나를 지켜 주는 것들의 소리를 듣는 일인지도 모르겠다.

🏠 2012년, 스물셋, 12월 30일

그동안 옳다고 배웠던 것이 그른 것이 되어 버리는 순간, 누군가는 우리도 더 이상 도덕적일 필요가 없다고 소리치기도 했다. 과정에서 희망을 보았다는 것으로 만족하기에는 그동안 지켜 온 신념 앞에 면목이 없다.

🏠 2014년, 스물다섯, 4월 30일

이곳이야말로 명백한 지옥이다.

🏠 2015년, 스물여섯, 1월 15일

"그래도 내일은 살아남아야 하니까요"라는 말을 들었다.

🏠 2015년, 스물여섯, 4월 26일

광화문에 마련된 세월호 합동분향소에서 헌화를 하고 돌아왔다. 여섯 명이 한 번에 헌화와 묵념을 하는 자리에 섰을 때, 사진 속 꽃 같은 아이들의 얼굴을 차마 제대로 쳐다보지 못해 괜스레 옆을 두리번거렸다. 배낭을 멘 대학생, 어린 자녀의 손을 잡은 부모들이 내 옆에 있었다. 까닭 없이 고마웠다. 해가 넘어가는 광화문 광장에서 나는 나약하고 유약한 제 자신을 보았다. 단지 '무력에 빠지지 않음'만으로는 온전히 살아갈 수 없는 세상임을 실감하기도 했다.

예고된 침묵 행진의 시작. 서울 곳곳에서 모여든 깃발들의 고요한 함성을 뒤로한 채 버스에 몸을 실었다. 해소되지 않은 죄책감이 가슴에 얹혀 있는 듯했다. 체증은 버스를 타고 오는 동안 목덜미를 타고 두통으로 올라왔다. 집에 돌아와 도서관에 반납해야 하는 책을 한 번 더 펼쳤다.

분노를 완전히 없앨 수도 없고, 너무 터뜨려도 또 너무 억제해도 문제가 되니, 적절한 선에서 관리가 필요합니다. 영화 제목으로도 쓰인 'Anger Management'가 바로 그것입니다. 분노관리 훈련의 대가인 미국 듀크 대학의 레드포드 윌리엄 교수는 첫 번째 '얼마나 중요한 일인가?', 두 번째 '정당한 분노인가?', 세 번째 '변경이 가능한가?', 그리고 네 번째 '가치가 있는가?'라는 질문으로 분노를 조절하자고 했습니다. 네 가지 중 하나라도 '아니오'라면 화를 가라앉히고 다른 방법을 모색해야 합니다.

하지만 나는 생각했다. 위 네 가지 중 마지막 네 번째에만 해당하더라도 우리는 분노해야 한다고. 반드시 그래야만 하는, 무엇보다 그런 분노가 필요한 세상이다. 이렇게 주제넘고 싶어지는 밤은 위험하지만 나는 그동안 너무 안전했으니까.

───────────────

⌂ 2015년, 스물여섯, 5월 31일

어제는 글로벌 시민단체 아바즈로부터 자신들의 번역을 평가해 달라는 메일을 받았다. 이들은 최근 대형 석유기업의 북극 시추를 반대했고, 지진이 난 네팔을 위해 도움을 요청했으며, 세월호를 기억했다. 내가 이따금씩 네이버 블로그에 포스팅을 하고 콩을 모아 기부를 해도, 휴대전화 요금의 일부가 무기 개발과 전쟁에 반대하는 단체에 입금돼도, 나는 그저 잔존하고 있다. 이렇게 한가롭게 글 따위를 쓰면서 말이다. 과연 잔존이다.

3장

/

당신의
이름이
있는

페이지

주인공이 되고 싶어

일산에 놀러 온 엄마가 내 집에 머무는 날. 옆 동에 사는 이모가 기다렸다는 듯 문을 두드린다. 두 살 터울의 박씨 자매는 생김새가 아주 달라서 꼭 단짝친구처럼 보인다. 엄마가 당진으로 가기 전까지만 해도 둘은 한 번도 떨어져 지낸 적이 없었다. 각자 결혼을 한 뒤에도 친정과 가까운 동네에 모여 살다가 이모가 신도시로 이사가 버리자 이내 엄마가 따라오는 식으로 서로의 곁을 맴돌았다. 언젠가 이모가 이모부를 설득해 당진으로 귀촌하는 날을 나는 어렵지 않게 상상할 수 있다.

둘은 나와도 아주 가까운 사람들이다. 엄마는 내 엄마여서, 이모는 엄마랑 친하니까. 가깝지만 별로 궁금하지 않은 사람들이기도 하다. 나는 내가 안다고 자신하는 만큼 그들을 빠르고 얕게 판단한다. 둘은 옷을 너무(너무너무!) 좋아하고, 고급 에스테틱을 받지 않고도 피부를 가꿀 수 있는 민간요법과 가성비 높은 화장품 정보에 빠삭하며, 그렇지만 TV에 전인화가 나오면 전인화와 자신들과의 나이차를 기어이 셈하고는 조금 절망한다. 전인화가 있던 자리는 종종 최화정이나 김미숙 등으로 대체된다.

둘은 이 나이 먹도록 운전을 배우지 못한 스스로를 가끔 답답해한다. 내게 결혼하지 않아도 괜찮다고 하지만 그래도 언젠가는 내가 결혼하지 않고서는 못 배길 것이라고 은근히 믿으며, 그런 식으로 계속되는 둘의 허튼 믿음 가운데 제일은 내가 자신들과는 다르게 똑똑하다는 것이다. 우습게도 이 믿음의 근거는 내가 자신들처럼 애써 결혼해 버리지 않고 일단은 혼자를 지향하고 있다는 데에 있다.

이모는 눈물이 많고 엄마는 누가 자기 앞에서 우는 건 딱 질색이다. 그럼에도 이모는 엄마 앞에서 자주 울었던 것 같다. 이모는 언제나 엄마보다 돈이 많았고 엄마는 이모보다 시간이 많았다. 지금도 둘의 처지는 변함이 없다. 하지만 둘 중 누가 더 외로운지를 따져 보면 비슷할 것이다. 엄마는 내가 아무리 예쁘다고 말해 줘도 "네 이모보다도 예뻐?"라고 물어 본다. 이모는 물론 내가 아는 63세 중에서 제일 예쁘지만 자신이 정말로 그렇게 예쁘냐고 되물어 볼 자식이 없다. 내가 아주 어렸을 땐 이모가 굳이 묻지 않아도 착착 엉기면서 그녀의 아름다움을 종알댔다고 한다.

학창 시절 이모는 공부를 잘해서 할아버지의 편애를 받았지만, 지금 내가 사 준 책을 자기 전에 한 장이라도 더 읽고 몇 줄의 일기를 남기는 쪽은 엄마다. 엄마의 인생은 일단 표면적으로는 오십 이후부터 그럴듯하게 흘러갔는데 할아버지가 그걸 확인하기엔 너무 일찍 돌아가셨다. 할머니는 그보다 더 일찍 돌아가셨다. 이모와 엄마는 꽤 젊어서 부모를 잃었지만 그럭저럭 잘 살고 있다. 나로서는 그게 참 신기한데, 어떤 부재를 체감하며 살기엔 둘의 삶에 슬픔이 끼어들 틈이 없었던 것도 같다.

거실에서 둘이 두런거리는 소리가 들려온다. "어렸을 땐 참 착했는데 클수록 싸가지가 없어져…… 그래도 혜은이는 똑똑하니까 알아서 잘하겠지." (뭘?) 내 험담 같은 칭찬은 언제나 들릴 듯 말 듯 고스란히 전해진다. 나는 그냥 둘이 세일이 한창인 인근 백화점 이벤트홀로 마실 나가기만을 기다린다. 방 안에 있다가 물이라도 한 잔 마실라치면 은근슬쩍 이런 소릴 하기 때문이다. "미안, 글 쓰는데 시끄러웠니?" ("괜찮아, 글 쓰던 거 아니야.”) “혜은아, 그러지 말고 엄마 이야기를 좀 써 봐.”(내가 한 말은 귀 담아 듣지 않은 거다.) “그래, 네 엄마 젊었을 때 참 대단했지. 그런데 이모 이야기도 같이 넣어 주면 안 돼?”

또 그 소리. 둘은 자신들의 이야기가 KBS 주말드라마쯤 된다고 생각하는 것 같다. 나는 감히 그 마음을 다 알겠다는 듯 건성으로 대꾸한다. “네네 그럴게.” 그러다 하루는 자기 이야기를 잘만 쓰면 베스트셀러는 따 놓은 당상이라는 엄마의 말에 괜한 자격지심이 발동해 버리고 말았다.

“엄마, 최근에 소설 읽어 본 적 있어? 없지? 엄마 인생은 엄마가 주인공이니까 조금만 슬퍼도, 힘들어도, 다 드라마틱해 보이겠지. 그런데 지금 내가 읽는 소설에 비하면 아무것도 아니야. 솔직히, 그냥 평범하다고. 그런데 나보고 뭘 자꾸 갖다 쓰라는 거야?”

젠장, 그때 나는 도대체 뭘 읽고 있던 걸까? 유독 뭐든 잘못 쓰고 있던 시기라 “잘만 쓰면”에 마음이 꼬여 버린 것 같다. 다다다다 쏘아붙이는 내 말에 엄마는 금세 풀이 죽었다. 그냥 한번 해 본 소리인데 작정하고 덤비는 내게 질린다는 표정이었다. 엄마는 아직도 그 말을 기억하고 있을까? 아니면 사는 동안 내가 쓴 악다구니가 한둘이 아니라 이 정도는 진즉에 잊었을까? 어떤 말은 들은 사람보다 뱉은 사람의 마음에 더 오래 남는 것 같다. 그래서 지금 이 글을 쓰는지도 모르 겠다.

졸지에 아무것도 아닌 인생을 사는 사람이 돼 버린 엄마 는 그 이후로 농담으로라도 내게 소설 어쩌고 하는 이야기는 하지 않는다.

노희경 작가의 드라마 〈디어 마이 프렌즈〉가 한창 방영할 때였다. 우연히 첫 화의 재방송을 보는데 고현정의 내레이션 에 한 대 얻어맞고 말았다.

"내가 좋아하는 정아 이모의 유일한 사치는 희자 이모가 사 준 오래된 트렌치코트와 번번이 다른 사람이 사 주는 소녀 시절 이모의 우상, 전혜린이 좋아했던 흑맥주 한 병이 전부 다."

장면은 이미 다 지나갔지만, 머릿속에선 내레이션이 조각 조각 맴돌았다. 처음엔 대사에 대한 감탄이라고 생각했는데 아니었다. 곱씹을수록 나는 절대로 이모를 이런 식으로 설명 할 수는 없을 거라는 확신이 들었다. 이모가 아니라 엄마라고 한들 다를까. 확신은 둘을 충분히 다 안다고 판단했던, 더 알 아야 할 필요가 있겠느냐고 당당했던 나에 대한 실망으로 번 져 갔다.

고현정이 분장한 박완에게는 엄마와 엄마 일생의 친구들,

그러니까 '이모들'이 여럿 있다. 만인의 만만한 조카 박완은 돌연 그들로부터 자신들의 이야기를 써 줄 것을 강요받는다. 정확히는 박완 엄마의 소원인데, 얼토당토않은 일이라고 무시하던 박완도 결국 늙은 어른들의 삶 구석구석을 기웃거리고 만다. 물론 그녀도 나만큼이나 순순한 딸은 아니어서 독한 말을 잔뜩 쏟아 내기는 한다. "엄마, 말 되는 소릴 해? 늙은이들 얘길 누가 읽어? 솔직히 관심 없어. '안궁'이라고!"

엄마도, 이모도 이 드라마를 재밌게 보았다는 걸 안다. 그런데도 엄마는 내 예상과 달리 박완과 나를 비교하지 않고 그저 황혼을 마지막 청춘처럼 보내는 인물들에 대한 감상만 늘어놓았다. 자신들이 고두심이나 박원숙, 김혜자나 나문희가 아니라는 것을 새삼 깨달아서가 아니라, 내 딸은(조카는) 박완처럼 결국엔 엄마를 이해하려 노력하는 딸이 아니라는 걸 쓸쓸히 알아챘기 때문인지도 몰랐다. 드라마도 영화도 인생의 주인공은 다름 아닌 너 자신이라고 쉽게 떠들어대는데, 이제는 내가 주인공이라는 걸 도무지 실감할 수 없어서, 사실 이런 삶의 주인공이라면 가끔은 때려치고 싶기도 해서, 젊은 딸의 이야기 속에서나마 투정을 부리고 위로받고 싶었을 두 여자의 마음에 뒤늦게 미안해졌다.

고백하자면, 내가 그려 낼 수 있는 엄마와 이모는 지극히 평면적일 것이다. 그들의 삶이 결코 상투적이거나 하찮아서

가 아니다. 그저 내가 아주 오랫동안 주연의 입장에서 둘을 조연처럼 대하는 데에 익숙해졌기 때문이라는 걸 이제 아프게 인정해야겠다. 나는 감히 당신들을 쓸 자격이 없다.

🔖 2011년, 스물둘, 11월 12일

당신의 마음이 내 마음 같지 않을 때마다 나는 못된 마음으로 바란다. 그렇게 실컷 무언가 바라고 나면, 내 자신이 소름 끼치게 싫어진다. 나는 왜 당신의 마음이 내 마음 같지 않았는지 비로소 이해하게 된다.

🔖 2014년, 스물다섯, 3월 23일

엄마가 다녀간 날이면 꽉 들어차는 냉장고와 냉동실이 조금은 부담스러울 때가 있다. 아니, 미안한 마음에 더 가깝겠지. 자취를 하던 대학 시절이나 의존적 독립을 한 지금이나 똑같다. 냉장고를 여니 어제 막 만들어진 달콤짭쪼름한 우엉조림과 도라지무침이 살뜰하게 나를 반긴다. 이모가 넣어 놓은 구운 김과 이모표 양념장도 아직 그대로다. 누가 자매 아니랄까 봐, 엄마와 똑같은 과일 취향으로 나를 챙기는 이모의 딸기와 생블루베리는 또 어떤지.

🏠 2016년, 스물일곱, 8월 14일

문득 "행복한가요?"라는 질문에 답할 수 있는 주인공을 만들고 싶어졌다. 픽사의 스토리텔링 기법 중 하나는 엔딩을 미리 정해 놓는 것이라는데, 내 엔딩은 이걸로 충분할까? "그리고 행복했습니다" 말고, "그래서 행복한가요?"라고 묻고 싶다.

🏠 2019년, 서른, 12월 17일

낮에는 엄마랑 씨네큐브에서 < 윤희에게 >를 보고 황태두부탕과 흑임자두부를 먹었다. 소화를 시킨답시고 덕수궁 돌담길을 걸으면서 와플도 하나 사서 나눠 먹었다. 언제나처럼 사진을 잔뜩 찍고 모처럼 본 영화 덕분에 새로운 대화도 나눴는데, 가장 또렷하게 남는 건 조금 전 졸음을 참아 가며 내 얼굴에 정체불명의 반죽을 올리던 엄마의 마른 민낯이다. 엄마가 와 있는 며칠 동안 내 피부는 응급처방을 받은 것처럼 맨질맨질할 것이다.

윤이 나는 건 피부뿐만이 아니다. 톡톡한 겨울 커튼을 새로 단 침실도, 매실장아찌와 멸치볶음(견과류가 멸치만큼 들어 있다), 그리고 직접 기름을 발라 소금을 뿌려 구운 김까지. 냉장고에도 표정이 있다면 안심하며 웃고 있을 것 같다. < 나 혼자 산다 >에서 이시언이 "박나래의 손을 거치면 뭐든 두 배 더 맛있어진다"라고 했는데, 엄마가 지나간 자리도 어디든 두 배 더 윤이 난다. 그 덕에 나도 반짝이면서 자랐다는 걸 이제야 알겠다.

오래된 식탁에서의 대화

부모님이 귀촌한 당진에는 세 식구가 함께 살던 시절부터 쓰던 오래된 식탁이 있다. 적으면 적은 대로, 많으면 많은 대로 식탁에는 보통 짝수의 의자가 따라붙기 마련이지만, 당시의 형편이 어땠는지는 몰라도 우리 집엔 딱 세 개의 의자만이 놓여 있었다. 그 모습이 꼭 이가 빠진 것처럼 묘하게 허전해서 엄마한테 "왜 우리 집엔 의자가 세 개밖에 없어?" 물었던 적도 있다. 엄마의 대답은 기억나지 않지만.

친구라도 데리고 온 날이면 엄마의 키 낮은 화장대 의자나 내 책상 의자를 끌어와야 했다. 그때 우리 집엔 의자가 자주 모자랐다. 꼭 내 친구들 때문만은 아니고 엄마와 신도시 생활을 함께 시작한 또래 아주머니들이나 먼 데서 온 친척들이 종종 그 식탁에 삐뚤빼뚤 둘러앉곤 했다.

이제 우리 집엔 의자가 많다. 의자가 많은데도 그 식탁에 새 의자를 끌어오는 일은 현저히 줄어들었다. 엄마와 아빠는 빈 의자와 함께 세 끼를 먹는다. 내 친구도, 엄마의 친구도, 이제 너무 멀리 있다. (아빠는 잘 모르겠다. 아빠에 대해 내가 '잘 알고 있다'고 자신할 수 있는 부분이 과연 있을까?) 물리적인 거리뿐만 아니라 서로가 서로의 삶으로부터 점점 더 밀려나고 있는 것이다. 결정적으로 나부터가 그렇다. 당진의 어느 산속 마을에 번지르르하게 지어진 집이, 그곳에서 예전처럼 고달프진 않겠지만 그렇다고 더 나아 보이지도 않는 얼굴의 부모가 때때로 너무 멀게 느껴진다.

원래는 내 몫이었던 빈 의자를 채우는 일이 나는 가끔 어색하다. 아빠를 마주 보고 엄마 옆에 앉아 밥을 먹고 옥수수를 쪄 먹고 부침개도 찢어 먹는 내가, 아빠에겐 막걸리를 내 잔엔 맥주를 따르고 배가 불러 과일을 얄밉게 콕콕 집어 먹다 마는 내가, 좀 비겁하게 느껴지기 때문이다.

일산에서 엄마와 통화를 하다 보면 엄마는 긴 근황 끝에 이런 말을 붙이곤 한다. "그냥, 우리는 이렇게 매일 네 이야기만 하면서 지내." 혼자 저녁을 차려 먹고 심심해서 아빠에게 뭐하냐고 전화를 걸면 돌아오는 대답은 한결같다. "뭘 하긴, 그냥 있지. 더워서 마당에 나와 있다." 나는 어쩌다 한 번씩 당진에 내려와서야 이 말이 진짜였음을 눈으로, 귀로 확인하고선 가만히 그들의 옆으로 가 앉는다. 오래된 식탁에서, 조금도 떠올릴 수 없는 어릴 적 내 일화들과 맞닥뜨리곤 한다. 기억하지 못하므로 그리움도 없지만, 엄마와 아빠에겐 너무나도 생생해서 복기할 때마다 그 선명도가 더해지는 시절들을 말이다.

당진에서 보낸 어느 하루. 저녁으로 장고항에서 떠 온 회를 먹다 아빠의 기억에 반짝 불이 켜진 날이었다. 아빠는 최근에 까미(엄마와 아빠가 돌보는 동네고양이. 우리 집 마당냥이가 되었다)를 괴롭히는 고양이 한 놈이 나타났다면서 입을 뗐다. 색깔도 호랑이 같은 것이 어찌나 사나운지 꼭 '시어 칸' 같다고 했다. 응? 시어 칸? 내가 단번에 알아듣지 못하고 멍청한 표정을 짓자 아빠가 어처구니없다는 듯 말했다.

"너 시어 칸 모르니, 시어 칸? 모글리 괴롭히던 호랑이!"

놀랍게도 아빠는 디즈니 애니메이션 〈정글북〉에 등장하는 시어 칸을 말하는 것이었다! 까미를 괴롭히는 고양이를 서른 먹은 딸에게 설명하려다 그 딸이 일곱 살 무렵에 자신과 함께 봤던 애니메이션의 악당을 떠올리는 사람. 오늘은 아빠를 이런 사람으로 설명할 수 있겠다. 나는 아차 싶었다가 이

내 뭉클한 마음이 밀려와 아빠의 막걸리 잔을 채우며 괜히 능청을 떨었다.

"이야~ 그걸 어떻게 기억해? 나도 거의 까먹을 뻔했는데. 아빠 기억력 짱이다!"

아빠는 양손을 세워 한 번 더 시어 칸을 흉내 내더니 회 한 점을 집어 먹었다. 이빨 빠진 호랑이네, 우리 아빠. 속으로만 생각했다. 모글리라니, 시어 칸이라니. 한때 우리 가족에게 퍽 익숙했을 이름이 묘하게 슬펐다. 옆에서 엄마가 말을 이었다.

"네가 아빠 출장 가 있으면 저녁마다 그날 본 비디오며 책이며 아빠한테 미주알고주알 그렇게 이야기를 했는데 기억을 안 할 수가 있겠니."

"하여간 너 때문에 집에 전화할 때마다 동전을 이만큼씩 가져가야 했다니까."

식탁 위로 아빠가 커다랗고 두툼한 두 손을 동그랗게 모으면서 말했다. 나는 30대 후반의 아빠를 상상했다. 매일 저녁 공중전화 부스로 묵직한 걸음을 옮기는 아빠. 양쪽 주머니에서 동전을 하나씩 꺼내 가며 쫑쫑대는 목소리에 귀 기울였을 아빠. 수화기 너머로 전해지는 모글리의 모험이 길어지면 벽에 기대거나 하품도 몇 번 했겠지.

앞으로 아빠한테 무슨 이야기를 들려줄 수 있을지 잠시 고민했다. 언제부턴가 아빠가 더는 나에 대해 궁금해하지 않는다고 생각했다. 내가 좋아하는 작가가 누구인지, 최근에 재미있게 본 영화는 무엇인지, 누구와 친하게 지내고 있는지, 요즘 내가 하는 고민은 무엇인지. 이런 걸 묻는 시절은 아주 옛날에 지나가 버렸다고 말이다. 나도 별반 다르지 않다. 아빠에게라면 무엇이든 털어놓고 싶은 나이는 찰나에 불과했으니까. 이제 와 아빠가 저런 걸 물어본다 한들 시어 칸을 한 번에 알아듣지 못한 것처럼, 기운 빠지게 할 표정이나 짓고 말겠지.

한바탕 추억팔이가 끝나자 다시금 또 먹고 싶은 건 없니, 고기를 먹어야 한다, 더 먹어라…… 이런 말들이 오갔다. 그게 꼭 추억을 어서 먹으라는 소리 같아서 쓸쓸했다. 당진에서 보내는 며칠이 내가 돌아간 뒤 그들이 꺼내 볼 만한 추억으로 남아야 할 텐데. 이제는 아무리 많이 먹어도 추억이 잘 되지 않는다. 그때처럼은 불가능하다는 걸 안다.

엄마 아빠가 모두 잠들고, 오래된 식탁에 앉아 일기를 쓴다. 긴 하루를 보냈지만 딱히 쓸 만한 이야기가 떠오르지 않는다. 다섯 살의 내가, 일곱 살의 내가 일기를 썼다면 어땠을까? 소풍날 엄마가 싸 준 도시락통의 색깔이나 아빠와 쟁반짜장면을 먹은 일요일의 날씨 같은 것들이 적혀 있었을까? 절대로 잊어버리지 말라고 미래의 나에게 당부하는 하루도 있을까?

일기 쓰고 앉아 있네, 혜은

그때의 나에게 묻고 싶다. 어떻게 추억이 되는 거냐고.

일산으로 돌아가면 이 의자에는 종종 아주 어린 날의 내가 대신 앉아 있을 거라는 확신이 든다. 그리고 어느 날처럼 엄마는 그 옆자리에 앉아 내 전화를 받고선 말할 것이다.

"그냥, 우리는 이렇게 매일 네 이야기만 하면서 지내."

📖 2012년, 스물셋, 9월 25일

더 이상 부모의 다툼에 마음을 앓거나 그들의 한 마디 한 마디에 심각해지지 않는 나이가 되었지만 왜일까, 마음을 졸이는 일보다 그들을 바라보는 내 시선이 안타까움으로 변했다는 데에서 더 큰 아픔이 밀려온다.

📖 2013년, 스물넷, 9월 30일

나는 열일곱의 나처럼 자신이 완벽한 사람이길 바라고 있구나. 완벽한 친구, 완벽한 이웃, 완벽한 동료, 완벽한 애인, 완벽한 딸. 왜 늘 가족에겐 완벽하고 싶은 마음이 가장 늦게 드는 걸까. 제일 완벽해지기 어려운 대상이기 때문이겠지. 남에겐 '척'할 수 있으니 말이야. 사실 그들에게 완벽한 존재로 남는 것이야, 쉬운 만큼 부질없게 느껴지기도 한다.

🗒 2016년, 스물일곱, 2월 6일

시골이다. 당진은 마땅히 갈 곳이 없어서 이번에도 그저 엄마와 아빠의 단골집에서 오리고기와 장어를 먹었다. 만약 이곳 직원이 나를 기억한다면 저 싸가지 없는 딸이 또 왔구나 싶겠지. 이러쿵저러쿵 엄마에게 훈수를 두며 불판 위의 고기들이 익기를 기다렸다.

🗒 2020년, 서른하나, 1월 13일

아빠는 힐끗 보고선 지나치는 추상화처럼, 내가 이해하는 만큼만 사랑해 온 사람이다. 실은 아무것도 모르는데 다 안다고 여기면서 말이다. 그런데도 여러 가지 이유로 내가 절망을 느끼게 될 때 문득 아빠를 떠올리는 순간이 있는데, 그러면 이상하게 위로가 된다. '아빠를 생각하고→안심한다'라는 공식이 내 안에 있는 것이다. 아빠는 내가 잘 알지도 못하면서 신뢰하는 이 세상 유일한 사람.

일기 쓰고 앉아 있네, 혜은

우린 친구가 될 수 있었을까?

"친구의 생일을 확인해 보세요." 8월의 어느 날, 카카오톡이 곧 다가올 친구들의 생일을 알려 주었다. 세 명의 목록 중에는 우리 집 정원이 담긴 프로필 사진의 아빠도 끼어 있었다. 확실히 아빠는 곧 생일을 맞을 지인들 중에서는 나와 가장 친한 사람이었다.

그러나 한 번도 친구의 생일을 챙기듯 호들갑을 떨며 아빠의 생일을 챙긴 적은 없었다. 호프집을 예약하거나 폭죽을 터뜨린 적도, 몰래 생일케이크를 준비해 등 뒤에서 노래를 부르며 등장한 적도, 밤 11시 무렵부터 자정을 기다렸다가 문자와 전화를 하는 성의를 보인 적도 없었다. 그때그때 엄마에게 물어 알아낸 아빠 취향에 맞는 선물 아니면 현금을 건네는 것으로 딸의 본분을 다한다고 생각했다. 축하의 마음이 얕아서는 아닌데, 나도 모르게 떨어져 사는 자식의 전형적인 자세를 취하게 되었다. 뒷걸음치며 적당한 거리를 두려는, 이 사람에게는 그래도 된다는 감각을 장착한 것처럼 말이다.

그럴 때마다 아빠와 내가 부모 자식 사이라는 것을 새삼 체감한다. 또래 친구들에 비해 어릴 적부터 아빠와 유난히 친구처럼 지낸 나로서는 당황스러운 감정이다. 아빠를 향한 충분한 감사, 충분한 존경, 그리고 충분한 이해는 내 10대와 이제 막 지나간 20대를 돌아봤을 때 가장 귀한 자산이라고 생각하는데도 어쩔 수 없이 내가 그냥 '기본만 하는' 자식으로 행동할 때에, 그리고 그것에 스스로 만족할 때에, 나는 조금 서글퍼진다. (그리고 자식이란 그렇듯 서글퍼하는 데에 그친다.)

딱히 고백이랄 필요도 없이, 엄마에게는 조금 더 애틋한 감정이 든다. 아빠가 내게 오직 아빠이기만 하다면 엄마는 좀 더 다양한 여성의 얼굴로 나와 함께하고 있다. 언니로, 동생으로, 선배로, 친구로, 또 내가 아직 살아 보지 않은 나로서도 내 삶에 등장한다. 엄마와 나는 속을 파헤쳐 보면 결코 좋은 모녀 사이라고는 할 수 없지만 어쩌면 그 때문에 엄마는 내게 엄마로만 남지 않는 것인지도 모른다.

엄마와의 관계에 한창 자신하면서 아빠에게 모종의 미안함을 느끼던 때였다. 마포도서관에서 세 작가님들과의 만남이 열렸다. "너, 나, 우리…… 그녀들의 이야기"라는 주제로 난다, 장수연, 조남주 작가님이 한자리에 모였다. 세 분 모두 어린 자녀를 둔 엄마이기도 했다. 이야기 도중 한 작가님이 "언젠가 지금의 나보다 딸의 더 많은 것을 공유할 딸의 친구들이 벌써 질투가 난다"고 털어놓았다. 객석의 모두가 귀여운 투정에 웃음을 터뜨렸고 나 역시 절로 미소가 지어졌지만, 왜인지 코끝이 살짝 시리는 바람에 미간을 찌푸리며 웃어야 했다. 눈물이 곧 나올지도 모른다는 경고였다. 또 다른 작가님이 그 말을 거들었다. "30대 중후반의 나와 딸의 30대가 절대로 평행선에 놓일 수 없잖아요. 아이가 꽤 자라 친구처럼 살가운 부모 자식 사이는 될 수 있지만 영영 동등한 관계로 맥주잔을 부딪칠 수는 없는 거죠." 이번엔 농담 같은 질투가 아니라, 끝내 다가갈 수 없는 한 세계를 향한 담담한 인정이 담겨 있었다.

그날은 마침 엄마가 일산에 와 있는 날이었다. 나는 내 옆에 누워 잠이 오기를 기다리는 엄마에게 세 작가들이 들려 준 이야기를 하나씩 전해 주었다.

"그런데, 어떤 작가님 딸이 초등학교 저학년인데 이땐 엄마가 제일인 때잖아. 작가님도 그걸 아니까 막 사람들한테

'이제 좀 있으면 딸이 나랑 안 놀아 줄 거잖아요'라고 하면서 벌써 서운하다고 하시는 거야. 진짜 귀여우시지?"

짐짓 밝은 목소리로 말했지만 베개 한쪽이 살짝 젖고 말았다. 일찍 불을 꺼 두어서 다행이었다. 엄마는 그 말에 잠이 달아났다는 듯 내가 처음 듣는 이야기를 꺼내 놓았다.

신입생 시절, 엄마는 외동딸인 나를 도무지 타지에 혼자 자취하도록 내버려 둘 수가 없어 무려 1년을 내 좁은 자취방에서 함께 생활했다. 엄마와 아빠는 딸년 때문에 나이 오십에 주말부부가 되었다. 선배와 동기 들은 그래그래, 여자 혼자 지내는 게 아무래도 위험하지, 라며 이해한다는 듯 굴었지만 그 얼굴들 위로 잠시잠깐 당혹감이 스쳐 지나가는 게 보였다. 나는 '애는 괜찮은데 엄마가 극성을 떠는' 포지션으로 내 상황을 해명하기 바빴다. 그러고는 엄마의 유난함이 익숙하다는 듯 행동했다. "엄마가 걱정하지 않으셔? 들어가 봐야 하는 거 아니야?" 그 말을 듣는 날엔 보란 듯이 새벽까지 자리에 남곤 했다. 엄마는 술이 떡이 돼서 들어온 내 등을 쓸어 주었고, 딸이 무사히 집에 돌아왔음에 안도했다. 딸의 스물을 감당하기에 엄마의 오십은 무력하고 연약했다. 내가 엄마에게 저지른 많은 철없음 중에 제일은 바로 2009년의 방탕함일 것이다.

일기 쓰고 앉아 있네, 혜은

그래서 내 얘기를 듣고선 엄마가 "나는 너 대학생일 때……" 라고 입을 뗐을 때, 당연히 그 시절의 속앓이를 하소연하려는 줄 알았는데.

"나는 네가 학교에 갔다가 늦게늦게 돌아오면 네 걱정도 걱정이지만, 내가 만약 스무 살이라면 네 손을 잡고 캠퍼스를 걸을 수 있었을 텐데…… 이런 생각을 참 많이도 했다? 네가 먹는 점심을 나도 같이 먹고, 네가 좋아한다는 오빠를 나도 구경하러 가면 얼마나 좋을까, 수백 번씩 상상했는데."

이쯤에서 엄마는 내가 이미 울고 있다는 걸 알아차렸을 텐데도 티슈 한 장 뽑아 주지 않고 못내 아쉽다는 듯 덧붙였다. "근데 그럴 수는 없더라."

나의 두 사람에게 한 번 더 젊음을 멋대로 허비할 수 있는 기회를 주고 싶다. 그들이라면 나의 스물과는 비교도 할 수 없을 만큼 끝내주는 시간을 살아 내겠지. 그리고 그때에, 엄마 아빠와 친구가 되어 보고 싶다. 일단 아빠는 내가 한 번도 가져 본 적 없는, 깔끔하게 술만 마시는 남자사람친구가 된다면 좋을 것 같다. 엄마와는…… 그냥 엄마 인생에서 제일 건강했던 시절에 그녀의 단짝친구가 되고 싶고.

"얘 혜은아, 내년에 네가 벌써 서른하나니? 세월 참 빠르다. 우리가 너 결혼하는 것까지는 보고 죽어야 하는데……"

로 빠져 버리는 무드 말고 "야 미친, 우리 이제 빼박 서른이야, 어떡해?" "내 말이, 난 아직도 내가 스물다섯 같다고. 아 진짜 그때 더 놀았어야 했는데!" 같은 대화를 서른 무렵의 부모와 나눌 수 있다면. 테이블에 엎어지다시피 턱을 괴고, 헛헛한 마음에 괜히 싸구려 안주만 잔뜩 시키고, 기다리는 동안 강냉이를 씹으면서 하나 마나 한 소리들을 해대며 말이다. 하지만 상상만으로도 어디선가 "자세 좀 똑바로 해. 네가 그래서 허리가 안 좋은 거야. 넌 진짜 집에서라도 보조기 차고 다녀야지 안 되겠다"부터 시작해서 "이따가 밥맛 떨어지게 강냉이 같은 건 왜 먹니?"로 이어지는 엄마 아빠의 목소리가 들려온다.

그런데 정말로, 젊은 날의 엄마와 아빠가 내 눈앞에 있다면 우린 친구가 될 수 있을까? 이유 없이 서로를 미워하거나 전혀 관심 가질 필요가 없는 주변인으로 취급하지는 않을까? 아예 내가 그들 각자의 인생에 아무런 역할을 따내지 못한대도 잘 살아가겠지?

상상 속의 젊은 부모에게 어떤 친구가 될 수 있을까를 고민하는 것이 지금 어떤 딸이 되어야겠다는 다짐보다 어렵게 느껴진다. 친구도 될 수 없었을지 모르는데, 친구가 아니라 아예 가족으로 묶인 우리가 신기하다. 보이지 않는 세계가 만

들어 낸 기이한 타이밍 덕분에 그들이 나의 부모가 되었다. 같은 시간을 다른 무게로 살아가는 것이 가족일까? 나는 운명을 믿지 않지만 가족만은 예외인 것 같다.

아, 혹시 친구가 될 수 없는 운명들이 가족으로 만나는 건 아닐까? 갑자기 그런 생각이 든다.

🛏 **2019년, 서른, 8월 20일**

지하철 9호선 개화행 열차. 부녀가 내 옆자리에 앉았다.
어린 딸이 어린 목소리로 불쑥 아빠에게 묻는다.
"아빠, 아빠는 일곱 살로 돌아가면 뭐하고 싶어? 일곱 살이 되면 무슨 일을 할 거야?"
아빠는 답한다(진지하게 고민한 답이라기보다 딸에게 권하고 싶은 말인 양).
"공부를 열심히 할 거야."
그리고 앞선 내 짐작을 뒷받침하듯 곧바로 되묻는다.
"지금의 네가 미래에서 과거로 온 거라고 생각해 봐. 아까처럼 계속 엄마 아빠한테 떼쓰고 싶어?"
딸은 당연하다는 듯 말한다.
"응!"
나는 이때부터 가만히 에어팟을 빼고 왼쪽 귀로 들려오는 이야기에 귀 기울이기 시작했다. 얼마간의 침묵이 이어졌을까, 아이는 갑자기 두 팔로 자신을 감싸더니 오들오들 떠는 제스처를 취한다. 아빠는 당황하며 왜 그러느냐고 묻는다. 에어컨의 냉방이 강해서 실은 나도 좀 추웠던 참이었다. 아이는 뜻밖의 대답을 한다.

"불행이 찾아올까 봐 무서워서. 불행이 다가오는 걸 준비하고 있는 거야."

의외로 아빠는 조금도 아이를 비웃지 않고 물어본다.

"불행이 뭔데?"

"무서운 거."

"그게 불행이야?"

"아이참…… 아빠, 불행엔 뜻이 많아. 불안한 거랑 비슷하다고 해야 하나? 뭐라고 정확히 설명해야 할지 모르겠지만. 아무튼 지금 불행이 오는 걸 느낄 수 있어."

그러자 아빠는 "행복하지 않은 게 불행이지"라고 불행(과 행복)을 손쉽게 정의하면서 불행에 대한 아이의 호기심을 묻어 두었다. 나는 문득 궁금해졌다. 미취학 아동이 지하철에서 느꼈던 불행은 무엇이었을까?

정말로 불행이 도착하는 중이었다면 이 부녀의 대화를 엿듣고 달아나 버렸을 것이다. 왜냐하면 그들의 대화는 불행이 끼어들 틈 없이 아주 오래 이어졌으니까.

적어도 내가 기억하는 한, 아주 어린 시절의 나도 아빠와 대화하는 걸 좋아하는 아이였다. 그건 아빠가 나를 좀 성가셔했을지언정 한 번도 내 말을 끊지 않은 덕분이겠지. 나보다 서른 살은 더 많은 어른이 불시에 내비칠지도 모르는 무안이나 핀잔의 기운 같은 것은 꿈에도 느끼지 못한 채, 꼭 지하철의 그 아이처럼 불행이니 행복이니 하는 것을 마치 다 안다는 듯 떠들어댔을 것이다.

이젠 그 시간을 보답해야 할 차례가 온 것 같다. 아빠의 말을 끊지 않는 자식으로, 허투루 듣지 않고 적절히 맞장구치는 자식으로 말이다. 내가 아빠의 노년에 불행보다 행복이 자주 찾아오게 만들 순 없겠지만, 가능한 한 불행이 가까이 오다가도 저만치 달아나 버리도록 시간을 끄는 일은 할 수 있으리라. 그의 앞에 앉아 무엇이든 귀 기울여 주는 방식으로 말이다.

조용한 애정

프리랜서 인터뷰어인 나는 매달 최소 세 명 이상의 낯선 사람을 만나 그들을 궁금해하고, 궁금한 만큼 묻고, 듣고, 대꾸하듯 또 묻는 일을 반복하며 지내고 있다. 호기심이 나를 먹고 살게 하는 셈이다. 무엇이든 잘 궁금해하려면 대상을 향한 최소한의 애정이 필요하다. 이렇게 말하니 궁금해한다는 것은 고백의 한 종류처럼 들리기도 한다. 무엇이든 말해 보세요. 나는 이미 당신을 사랑할 준비가 되어 있으니까요.

그러나 평소의 나라면 질문하지 않는 사람에 더 가깝다. 일하지 않는 평범한 어느 날에는 이대로 질문하는 법을 잊어

버리는 건 아닌가 하는 두려움이 일 정도다. 심지어 친구들과의 가벼운 만남에서도, 듣는 데에는 열심이지만 자연히 되물을 말을 찾지 못해 난감할 때가 있다. 점점 내 안에 머무르게 되는 이야기들이 많아질 때면 글을 쓰는 편을 택해 왔던 탓일까. 아무도 모르게 매정한 사람이 되는 것 같아 무섭다.

오랜만에 하를 만났다. 하는 내 오랜 친구다. 초등학교 2학년 때 같은 반이었던 우리는 당시에는 친하지 않았다고 생각했으나 다 자란 뒤 하가 앨범에서 자신의 아홉 번째 생일파티에 내가 초대되었고, 심지어 내가 자기 바로 옆에서 팔짱을 끼고 사진을 찍었다는 사실을 발견해 냈다.

우리가 지금의 우정으로 이어질 수 있었던 것은 중학교 3학년 때 한 번 더 하와 같은 반이 되었기 때문이다. 그때까지만 해도 나는 하교를 하면 보습학원 대신 혜화역으로 노래를 부르러 다니는 아이였고, 하는 학교에서 남자애와 여자애 모두에게 인기가 많은 친구였다. 다른 학교 아이들도 하를 아주 잘 알았다. 어떤 아이들은 하에게 혹시나 밉보이지는 않을까 조금은 긴장하면서 어울렸지 싶다(하는 한사코 부정하지만).

하에게는 그 나이 때의 몇몇 아이들이 자연스레 지니고 있는 특유의 친화력과 관계에서 묘하게 우위를 선점하고 마는 힘이 있었다. 나는 그때나 지금이나 얼핏 외향적으로 보이나 내면은 아주 소극적인 애였으므로, 하를 만나고 돌아오는 날이면 우리가 이다지도 친하게 지낼 수 있다는 사실이 새삼스럽곤 했다.

하와 나는 같은 초등학교와 중학교를 졸업했고 고등학교는 서로 다른 곳을 희망했다. 우리는 다른 교복을 입고 난 다음부터 부쩍 더 친해졌다. 하가 다닌 학교는 교복보다도 체육복이 예쁘기로 소문이 나 있었다. 반면 우리 학교의 경우 교복이라면 그 지역에서 으뜸으로 꼽혔지만 체육복 디자인은 영 형편없었다. 하루는 하와 이렇게 하등 쓸모없는 것에 대해 진지하게 이야기를 나누었는데, 며칠 뒤 어디서 구했는지 하가 자기 학교의 체육복 한 벌을 불쑥 건넸다. 하는 내가 생각지도 못한 방식으로 내게 친절했다.

그즈음의 나는 태연하게 다른 학교의 체육복을 입고 수업을 들을 만큼 꽤나 대범했지만 여전히 또래 아이들과 무리 지어 관계를 맺는 데에는 어떤 피로감을 느끼고 있었다. 가능한 한 모두에게 친절하게 굴면서도 속으로는 잘 웃지 않았고, 그냥 나를 잘 아는 사람들에게로 자주 도망가고 싶었다. 하는 분명 그런 사람들 중 하나였다.

하와 함께 사계절 내내 과일 빙수를 먹으면서, 놀이터 그네를 타면서, 하와 우리 집 사이에 있는 하의 학교 근처 정자에 누워서, 우리는 끝없이 이야기를 나눴다. 주로 하의 이야

일기 쓰고 앉아 있네, 혜은

기가 압도적이었다. 언제나 나보다 하가 할 말이 더 많아 보였다. 하의 입을 통해 듣는 그쪽 고등학교의 일들은 늘 재미있었다. 내게는 상대방의 얼굴을 보자마자 "아니, 근데, 있잖아"로 시작할 만한 이야깃거리가 없었다. 하가 한바탕 이야기를 쏟아 내고 난 뒤 자연히 내 차례가 돌아왔을 때, 혹여나 내가 하 앞에서도 말과 표정을 꾸며 내지는 않았을까 이제 와 조금 걱정된다.

우리는 15년 전이나 지금이나 겨우 횡단보도 하나를 사이에 두고 지내는 아주 가까운 이웃이기도 해서, 누구 하나 긴 여행을 떠나지 않는 이상 아무리 오랜만에 만나 봤자 2주를 넘기는 일이 거의 없다. 오늘은 그런 2주 만의 만남이었다.

동네 스타벅스에서 여느 때처럼 하의 이야기를 듣는데 갑자기 이런 생각이 들었다. 나는 앞으로도 하를 절대로 미워할 수 없겠구나. 여전히 10대의 온도로 서로를 살뜰하게 챙기고 있는 우리라 이런 건 짐작할 필요도 없이 당연한데도 마음 한 면을 스윽 훑고 지나가는 그 생각에 조금 뭉클해져 나는 그냥 웃고 말았다. 익숙하게, 속으로만.

하가 자꾸만 제 주변에 결혼을 한 친구와 동료 이야기만 늘어놓아도, 그 이야기가 때로는 네이트 판에서나 볼 법한 신파여도, 채식 위주의 식사를 하려고 노력 중인 나에게 대뜸

순댓국이나 감자탕 집 간판을 가리켜도, 헤어질 때면 결국 오늘도 자기 이야기만 잔뜩 늘어놓았다고 미안해하는 표정을 짓는 하여서, 그게 또 익숙한 나여서 나는 하를 도무지 미워할 수가 없다. 나부터도 하를 만나면 내 근황을 전하기보다 오늘은 하의 무슨 이야기를 듣게 될까를 기대하곤 하니까.

하에게 보여 줄 수 있는 내가 점점 축소되는 기분이 들 때도 있다. 그럼에도 나는 이 우정을 때때로 권태롭게 느낄지언정 절대로 하를 미워할 수도, 하와 멀어질 수도 없다는 것을 오늘같이 아무런 계기도 없이 체감하고 만다. 마치 우리가 어떤 특별한 사건 없이도 우정을 쌓기 시작한 것처럼.

불투명하게 어른거리는 미래의 하에게도 귀를 기울여 본다. 그동안의 하가 나를 계속 찾아 주었던 것처럼.

⌂ **2014년, 스물다섯, 4월 24일**

8시 30분 등교 마감을 알리는 종소리를 시작으로 45분마다 울리는 반가운 쉬는 시간 종소리, 점심시간으로부터의 복귀를 알리는 아쉬운 종소리, 친구들과 함께라서 더욱 맛있을 석식시간 종소리, 혼자가 아니라서 견딜 수 있는 야자시간 종소리, 하루를 마무리하는 종소리. 모교가 될 뻔한 고등학교 바로 뒤에 산다는 건 추억 속에 머무는 생활의 리듬을 다시금 들을 수 있다는 것.

2015년, 스물여섯, 7월 26일

여기저기 깨지고 부서지면서, 지금 이 순간조차 나도 모르는 사이 금이 가 있을지 모르지만 '그래도 꽤 괜찮게 살고 있구나' 생각되는 날이 있다. 1년에 한 번쯤은 그렇게 마음을 다잡는다. 아무것도 아닌 나한테도 이날만큼은 기꺼이 작가라고 불러 주는 친구가 있다. 오래된 인연들에게서 나타난다는 고루함들이 우리 얘기는 아닌 것 같다고 자신 있게 말하는 친구도 있다. 그래서 감히, 내가 조금은 좋은 사람인 것처럼 여겨지기도 하는 날이다. 마치 신에게 양해를 구하듯 스스로를 어여삐 여기는 날이다. 포기하거나 놓치고 있던 것들을 나 대신 기억해 다시금 내 손에 쥐여 주는 사람들과 함께여서 행복했던 생일주간.

2017년, 스물여덟, 6월 4일

하를 만났다. 커피를 마시고 맥도날드에 가는 것만으로도 즐거운 우리들은 스물여덟. 열여덟 전에 이미 서로를 다 알고 지낸 우리들. 삶은 때때로 이미 충분해 보인다. 조금 더 속아도 될까?

2017년, 스물여덟, 8월 23일

누구도, 누구와 보내는 시간도, 상처 입은 날의 내 전부를 치유해 줄 순 없다. 다만 그때마다 방황하지 않고 부를 이름이 있다는 건 감사한 일이다. 친구들과 항상 100퍼센트의 만남을 가질 순 없다는 걸 깨달으며, 새삼 앞으로 함께할 날들의 소중함을 느낀 지난 며칠.

📖 2019년, 서른, 1월 4일

(밀려 쓰는 일기)

일기가 자꾸 밀리네. 이날은 하를 만났다. 낮엔 계속 일을 하다가 모처럼 하를 만나서 이야기를 나눴는데, 그냥 계속 피곤했다. 각자의 삶이 너무 벅차서. 나는 무얼 토로해도 좀 배부른 사람 같아서 입을 다문다. 먹지도 뱉지도 않고서 묵묵히. 우리들은 어떤 이야기를 하는 어른으로 자라야 좋을까?

📖 2019년, 서른, 12월 17일

아침 7시 10분. 캐리어를 끌고 집을 나서는데 하에게서 문자가 왔다. 춥다고, 패딩을 챙기라고. 부산으로 출장을 가는 내가 또 옷을 얇게 입고 나갈까 봐(얇게 입었다) 걱정하는 문자였다. 버스를 타면 답장해야지, 하고 있었는데 마을버스에 올라 카드를 찍자마자 익숙한 목소리가 내 이름을 부른다. 돌아보니 방금 전 문자를 보낸 하가 장난스레 웃고 있었다.

15년지기가 동네친구일 때 생기는 기분 좋은 우연. 덕분에 잠도 깨고 같이 여행이라도 가는 것마냥 괜히 신이 났다. 이게 뭐라고,

꼭 한때 친하게 지냈지만 잊고 살던 동창을 만난 것처럼 반가웠지? 사진도 한 장 같이 찍으려고 했는데 여의도로 향하는 하의 지하철이 너무 빨리 도착해 개찰구로 등을 떠밀었다.

너는 매일 이 시간에 출근하는구나. 어느새 아침이 어둑한 계절이라, 부지런한 모습이 유독 사람을 뭉클하게 만든다. 내 기억 속엔 언제나 성실하고 사려 깊은 내 친구. 일산으로 돌아오면 커피랑 카레가 맛있는 곳으로 데려갈게!

사라지고 싶어

출판사에서 근무했던 1년은 가장 최근에 겪은 조직생활이어서 아직 많은 날들이 생생하게 남아 있다. 누군가 내게 출판사의 생리를 물어 오거나, 유독 정이 갔던 브랜드에서 신간 소식이 들려올 때면 잠깐씩 그때를 떠올리곤 한다. 추억하기에 나쁘지 않은 시간을 고르다 보면 어김없이 끼어드는 장면이 하나 있다.

언젠가의 금요일 오전. 부서 회의를 마치고 계단을 내려올 때였다. 뒤에 따라오던 동료가 말을 건넸다.

"있잖아 난, 요즘은 그냥 사라지고 싶어."

대꾸할 틈도 주지 않고 동료는 말을 더했다.

"뭐 대충 몇 달 어디로 가서 쉬고 싶다는 느낌이 아니라, 그냥 일하고 느끼고 생각하는 나라는 존재가 사라졌으면 좋겠어. 뭔지 알겠어?"

머릿속에서 동료의 나긋나긋한 목소리가 한 음절씩 재생될 때면 시멘트 벽 위로 연둣빛 페인트가 칠해져 있지만 늘 어두컴컴해 보였던 복도에 다시금 서 있는 기분이 든다. 조금만 주의를 기울이지 않아도 목소리가 지나치게 울리는 탓에, 우리는 웬만해선 별말을 나누지 않고 계단을 오르내리곤 했는데. 그날 동료가 건넨 질문은 꼭 자기도 모르게 터져 나온 마음 같았다. 제 말을 알아듣겠냐고 내게 물었지만 정작 그 대답을 구하고 싶은 건 자기 자신인 것처럼 말이다. 그래서 대답하는 나는 장면에 사라져 있다.

그러나 동료의 말이 끝나기가 무섭게 너무 잘 안다고 대답한 나를 기억한다. 쉬운 공감처럼 들리지는 않을까 걱정하면서도 동료를 위로할 말을 서둘러 길게 풀어냈었지. 이날이 퍽 생생한 이유는 꼭 우리 둘의 회사생활이 유난했어서만은 아니다. 이제 동료는 퇴장하고, 장면은 내가 사는 동네로 바뀐다.

퇴근을 하고 동네로 돌아와서도 동료의 말이 머릿속을 떠나지 않아 무작정 걸었다. 사라지고 싶어. 그 말을 집으로 데리고 들어가고 싶지 않았다. 습관처럼 엄마에게 전화를 걸어 오전에 동료가 한 말을 전해 주었다. 마치 나와는 아무 상관 없는 일인 양. "엄마 오늘 말이야, 글쎄 걔가 그랬다? 좀 속상했어." 엄마는 예상 밖의 대꾸를 했다.

"엄마는 그 마음 뭔지 알 것 같은데."

오전의 내 대답과 다름없는데도 엄마의 입에서 나온 말은 낯설게만 들렸다. 엄마는 꼭 동료 앞의 나처럼 자신이 얼마나 그 말에 공감하는지를 털어놓았다.

"산 중턱에서 숨을 고르다 보면 말이야. 이대로 몸을 던져 죽으면 아무도 모르게 사라질 수 있지 않을까…… 그런 생각을 하기도 해. 몇 번이고."

그렇게 덧붙이는 목소리가 엄마답지 않게 침착했다. 그리고 나를 너무 잘 아는 엄마는 다시 제 말투로 말을 이어갔다. "그러고 싶다는 게 아니라, 그런 적도 있다고. 너 또 울면 엄마 이제 너한테 아무 말도 못 해."

나는 혼자 등산하는 엄마를 떠올리는 것보다 내 앞에서마저 입을 다무는 엄마가 더 무서워서 그랬구나, 대수롭지 않은 듯 말했다. 엄마는 내 태도가 안심이었는지 그날따라 말이 많았다.

"어떤 날은 네가 회사 일로 힘들다고 말하면 '아, 오늘 밤

지구가 없어져 버렸으면 좋겠다' 하는 생각도 했어. 우리 딸이 이렇게 힘들게 일하는데 아프기까지 하는 게 나는 너무 싫으니까. 그런데 네가 건강하게 잘 지내더라도 어디선가 누군가는 죽고, 그리워하고, 괴로워할 텐데 이런 게 사는 거라면 모두 한번에 무로 돌아가는 게 낫지 않을까……. 좋은 상상은 아니지. 그냥, 엄마도 이런저런 생각에 잠길 때가 있어."

그 순간 엄마는 나보다 더 내 동료의 마음을 헤아렸던 것 같다.

당시에 엄마는 긴 약물치료를 앞두고 체력부터 기르라는 의사의 주문을 받았다. 몇 년이고 매일같이 약을 먹어야 하는 건 끔찍하지만 그 시간을 덜 고통스럽게 보낼 수 있다면야. 그 길로 등산을 시작한 엄마였다. 나는 하루가 멀다 하고 전화를 걸어 엄마를 북돋는답시고 온갖 명언을 쏟아 냈다. "그래 알겠어. 엄마는 괜찮아." 마지못해 수긍하는 대답을 듣고 나서야 전화를 끊었다. 그건 엄마가 아닌 멀리서 엄마를 돌보는 나를 위한 대답이었을까. 현실은 빠르게 다가오는데 마음을 추스를 겨를도 없이 당장 팔다리에 근육을 붙여야만 하는 심정은 모르는 채로 말이다.

그날 나는 그대로 좀 더 걸으면서 엄마와 긴 통화를 나눴다. 같은 자리를 맴도는 동안 이웃을 만나 인사를 나누고, 동네에서는 좀처럼 마주치기 힘든 외국인이 그날따라 눈에 띄어 역으로 나가는 길을 알려 주기도 했다. 해는 게으르게 저물어 가는데 희미하게 불어오는 바람은 서늘했다.

걸으면 걷는 대로 땀이 흐르고 또 흐르는 대로 쉽게도 땀이 식던 유월이었다. 동료와 엄마. 두 사람은 알까. 그날의 말들이 내게 고여 있음을. 차라리 나 혼자만 간직하는 거라면 좋겠다. 다만 우리, 사라지지만 말자.

🏠 2018년, 스물아홉, 4월 20일

오늘의 일기는 E가 준 엽서로 대체.

이 편지는 회사에 두지 말고 집에 가져가 줘. 왜냐면 지금부터 회사 욕을 할 거거든. 회사가 요즘 금요일마다 나한테 똥을 주네? 사실 힘들기도 하고 서럽기도 해. 그래도 혼자가 아니라 너와 함께 욕도 하고! 다들 무겁게 쌓기만 하는 짐을 덜어 주는 네가 있어 조금은 평점심을 찾게 되는 것 같아. 문득 다행이고 돌이켜보면 고맙고. 이 정도 나이가 되면 웬만한 일에는 무뎌질 줄 알았는데 절대 아니더라고. 느끼는 슬픔이나 불안은 큰데, 나 어리지 않으니까 잘 넘겨야 돼, 생각하면서 더 큰 괴리감이 생기는 것 같아.

너도 나도 참 예민한 우리지만 나중에 생각해 보면, 더 크게

일기 쓰고 앉아 있네, 혜은

흔들렸던 날들이 더 나은 사람이 될 수 있는 이유가 되지 않을까. 어쩔 수 없겠지만, 하루하루 크게 흔들리는 이 순간들을 없앨 수 없겠지만. 언젠간 조금은 대수롭지 않게 넘길 수 있는 단단한 힘을 키우는 중이라 생각하자. 예민한 나라서 예민한 네가 좋아. 싸우지 말고 앞으로도 제발! 잘!

🗓 **2018년, 스물아홉, 6월 8일**

건강한 하루를 기다리는 우리의 소박하기만 한 바람은 좀처럼 이뤄지지 않고, 동료는 결국 사라지고 싶다고 말했다. 어떻게 해도 삶이 나아지지 않으니 꿈이라도 거창하게 꿔 볼까. 하지만 출근할 생각을 하면 금세 풀이 죽는다.

🗓 **2018년, 스물아홉, 6월 9일**

엄마는 쉽게 허무에 빠지지만 꼭 그만큼 낙관적인 사람이고, 누구보다 삶의 의미와 행복을 잊지 않기 위해 애쓰는 사람이라는 걸 새삼 깨달았다. 그런데 엄마는 자꾸만 자기를 닮지 말라고 하네.

나의 작은 이웃, 량량

한 번의 홍콩, 한 번의 방콕, 한 번의 베를린, 그리고 일곱 번의 대만. 이제 어디 가서 나는 "여행을 즐기지 않는 사람입니다"라고 말하기엔, 수년 사이 한 나라와의 인연이 너무나도 깊어졌다.

대만 남자와 연애를 시작한 지도 햇수로 5년째. 일관된 여권 도장 덕분에 출입국 심사대에 설 때마다 조금 민망해진다. 심사대 직원은 의아하다는 듯 미소 지으며 외국인을 통과시켜 준다. 이윽고 게이트를 나서면 보다 확신에 찬 미소로 눈을 맞춰 오는 애인이 보인다. 나는 번번이 포커페이스를 유지하는 데에 실패하고 결국 광대가 도드라지도록 화답하고 만다. 언제나처럼 애인이 건네는 차가운 녹차요구르트를 마시면서 그의 낡은 차 조수석에 앉아 안전벨트를 매면 비로소 대만에 왔음이 실감난다.

대만에 가면 타이난에 있는 애인의 가족 집에 며칠씩 머물곤 한다. 애인도 나를 핑계 삼아 모처럼 도시를 벗어나 느긋함을 즐긴다. 타이난은 대만에서 가장 오래된 도시이자 옛 수도이기까지 했지만 과거의 영광은 사라진 지 오래다. 하지만 나에겐 타이난에서 눈을 뜨는 아침이 타이베이의 그것보다 특별하다. 쇠락한 항구도시의 감상적인 기운 때문이 아니라 그곳에 나를 "언니!"라고 부르며 반갑게 맞아 주는 량량이 있기 때문이다.

4년 전, 국제연애를 시작한 뒤 처음으로 대만에 놀러갔을 때 애인은 머리 감기를 귀찮아하는 나를 보고는 너에게 꼭 맞는 대만의 문화(?)가 있다며 대뜸 미용실에 가자고 했다. 대만에는 미용실에서 샴푸 서비스만 이용하는 손님이 많은데, 단순히 머리를 감겨 주는 것에서부터 어깨 마사지, 두피케어 등 다양한 단계를 추가로 선택할 수 있다. 가장 기본이 되는 샴푸와 간단한 마사지는 우리 돈으로 7,000원 정도고, 특히 중년 여성들에게 인기가 많다.

타이난 집과 가장 가까운 미용실에서 량량과 나는 처음 만났다. 우리의 인연은 말하자면 나의 게으름으로부터 시작된 것이다.

그날 량량이 내 스태프로 배정되기 전까지 그녀와 나는 완벽한 타인 중 타인으로 존재했다. 애인과 나 사이에는 연애 전 서로 공유하는 친구라도 있었지, 타이난의 작은 미용실의 막내 스태프인 량량은 내가 살면서 한 번도 상상해 본 적 없는 인물이었다. 그건 량량의 입장에서도 마찬가지였으리라.

애인의 통역을 기다리며 쭈뼛거리고 있는데, 한국 드라마와 아이돌을 좋아한다는 량량이 내게 처음부터 붙임성 좋게 다가왔다. 놀랍게도 한국어로 자신의 이름을 소개하면서, 내가 발음을 잘 따라 하지 못하자 별명을 일러 주기까지 했다. "량량陽陽이라고 부르면 돼요. 반짝거린다는 뜻이에요." 량량은 웃으며 두 손을 흔들어 보였다. '반짝반짝'을 표현하는 제스처였을 것이 분명한 귀여운 포즈에 나도 따라 손을 들었다. "량량, 니 헌 피아오량(너무 예뻐요)." 다행히 나는 '예쁘다'라는 말을 할 줄 알았다. 서로의 언어를 어설프게 구사하며 첫 인사를 나누는 우리를 보고 주변 사람들이 웃음을 터뜨렸다. 나는 이 장면이 아직도 생생하다.

이쯤에서 뭔가 본격적인 이야기가 시작될 것 같지만 량량

　　　　　　　　　　　　　일기 쓰고 앉아 있네, 혜은

과 나는 종업원과 고객, 그 이상도 이하의 관계도 아니다. 미용실 바깥에서 함께 시간을 보낸 적도 없다. 느지막이 일어나 기름진 머리로 쇼윈도 앞을 기웃거렸는데 량량이 아직 출근 전인지 안 보인다면 근처 카페에서 애인과 시간을 때우며 그녀가 오기까지 기다리는 정도가 내가 가진 애정의 크기다. 량량의 미용실에서 외국인 단골손님으로 불린다는 것만은 특별한 일이다. 1년에 고작 두세 번이 전부지만, 한국에서도 비슷한 빈도로 미용실을 방문하고 있으니 내 기준에서도 외국에 단골 미용실을 두고 있는 셈이다.

미용실을 벗어나지 않는, 1년 중 단 몇 번의 만남이 재현될 때마다 우리의 호들갑은 유난하다. 내가 들어서면 주인은 익숙하다는 듯 량량이 있는 쪽을 알려 주고, 언제나 내가 량량을 찾는 것보다 먼저 량량이 나를 발견한다. "언니!" 하며 들려오는 밝은 음성. 량량의 한국어 실력이 일취월장하는 덕분에 우리의 대화는 깊어진다. 량량이 요즘 연습하고 있다는 케이팝을 내게 들려주면 나는 어깨 마사지를 받으며 앳된 목소리에 귀 기울인다. 우리는 또 각자의 애인을 홍보하기도 한다. 매일 남자친구를 만나서 좋겠다는 내 말에 량량은 "어휴, 별로예요. 얼마나 속을 썩이는데요" 농담처럼 답한다.

언제부턴가 나는 량량이 구사하는 한국어를 신기해하기보다 내가 더 들여다보지 못하는 그 애의 마음이 궁금하고 엽

려된다. 량량의 인스타그램에 남자친구와 행복해 보이는 피드가 자주 올라오면 괜히 안심하는 것이다. 한편 나의 중국어는 여전히 제로에 수렴해서, 애인과도 못하는 한국어 대화를 량량과 나눌 때마다 돌연 쓸쓸함을 느끼기도 한다.

　6개월 만에 찾은 타이난. 유난히 반가워 량량에게 대만에 올 때마다 너를 생각한다고 인사를 건넸다. 량량은 조금도 망설이지 않고 말한다. "나는 매일 생각해요."

　그런 말을 아무렇지 않게 할 수 있는 건 량량이 케이팝과 케이드라마를 즐겨찾기 때문일까. 애꿎은 감상을 나무라는 듯 굳은살로 단단해진 량량의 손이 내 머리와 목과 어깨를 누르기 시작한다. 량량은 이곳에서 5년째 일하고 있다. 꼭 애인과 나의 연애 기간과 같다. 우리가 헤어지면 량량을 볼 일도 없겠구나. 계산을 하고 미용실을 나서는 순간이 때로는 애인과 나누는 공항에서의 인사만큼이나 극적으로 느껴진다.

　타이베이로 돌아가는 고속도로 위. 향기 나고 부드러운 머리칼을 만지면서 라디오에서 흘러나오는 대만의 유행가를 더듬더듬 불러 본다. 서른의 여름, 문득 내가 아주 낯설게 느껴진다. 흔히들 삶을 알다가도 모를 일이라고 하는데, 어째 한 번도 알 것 같은 적이 없는 날들만 계속되고 있는 것 같다. 량량, 너도 그러니? 한국에서도 네가 생각나면 좋겠어.

　　　　　　　　일기 쓰고 앉아 있네, 혜은

2018년, 스물아홉, 9월 6일

일정 때문에 량량의 출근시간보다 한참 이르게 미용실에 갔다. 못 보면 어쩌나 내심 서운했는데……. 아침부터 내리던 비는 드라이를 할 즈음 량량이 도착하면서 거짓말처럼 그쳤다. 자기 이름이 지닌 뜻처럼 밝고 빛나는 오후를 데리고 온 량량. 우리 또다시 만나. 타이난에 사는 나의 작은 이웃들. 우리가 만나지 못하는 긴 시간에도 지금처럼 반갑고 크게 웃음 짓는 날들로 가득하길!

2018년, 스물아홉, 9월 8일

이렇게나 사치스러운 여행을 해도 되는 걸까 의심스러우면서도 달리 어쩔 도리가 없이 나른함에 취해 버렸다. 배고픔이 찾아올 새 없이 먹고, 눈을 뜨고 감을 때마다 애인의 보드랍고 따뜻한 고양이를 쓰다듬는, 참으로 탐욕스러운 나날이었다.

2018년, 스물아홉, 11월 13일

미래가 이렇게나 불확실한데 사는 동안 좋아하는 곳을 여러 번 갈 수 있음에 그저 행복하다고 말할 수밖에. 과연 아수라장인 마음을 안고서도 나는 틈틈이 행복하다. 고마운 시간들의 반복.

2018년, 스물아홉, 12월 9일

새벽 3시에 자도 아침 9시에 절로 눈이 떠지는 이곳. 과연 여행뽕이 센트룸보다 강하다. 오늘부터 타이난에서 3박 4일 일정으로 머문다. 나의 사랑스러운 고양이들을 만나기 위해 매년 한두 번씩 비행기도 타고 버스도 타고 있다. 무슨 팔자 좋은 일인가 싶다가도 언젠가 지금의 사치를 치를 날이 오겠지, 라는 마음을 거두지 않고 있다. 좋은 사람이 되려고 노력하는 꼭 그만큼 나는 좋은 사람이 아니라는 걸 너무 잘 알고 있으니 가끔 인생에 크고 작은 시련이 와도 으레 받아야 할 벌이겠거니, 하게 된달까. 아무래도 지금의 행복에 겁을 많이 먹은 것 같다.

일기 쓰고 앉아 있네, 혜은

Take Care of This Love

나는 일기를 여행지에서는 못 써도 차라리 애인 앞에서라면 쓸 수 있다.

어느 시인은 해외와 국내를 카페에서 일기를 쓰고 엎어 둘 수 있느냐 없느냐로 가름했다. 그런 의미에서 애인은 내게 낯선 여행지나 다름없다. 애인은 매년 겨울마다 장기 출장으로 한국에 3개월씩 머무는데, 그가 노크 없이 내 방에 들어올 때 마침 내가 일기를 쓰고 있어도, 설령 그와의 데이트를 실컷 비난하고 있던 참이라도, 그대로 계속 펜을 놀릴 수 있는 안심이 내겐 있다.

애인의 입장에서도 마찬가지다. 그가 나의 일기장을 무심히 바라보듯, 나도 그의 SNS를 보면서 무엇을 썼냐고 묻지 않는다. 보고도 모른 척하기. 그러니까 우리에겐 서로의 언어로 쓰인 모든 것이 일기인 셈이다. 누구도 누구에게 "오늘 일기 뭐라고 썼어?"라고 묻지 않으니 말이다. 우리는 서로의 모국어가 아닌 영어로 짧게, 대신 자주 대화한다.

그동안 나도 많은 사람들처럼 말이 잘 통하는 사람을 이상형의 조건으로 꼽아 왔다. 하지만 누가 알 수 있었을까. 내가 대만 남자와 서로의 언어에 이토록 무심한 채로도 4년 넘게 연애할 수 있는 사람이었다는 걸. 연애는 과연 몰랐던 나를 엉뚱한 데에서 발견하게 만든다. 하지만 이런 발견을 기뻐해야 할까?

내가 국제연애 중인 걸 아는 이들은 종종 묻는다. "중국어 좀 늘었어?" 처음 1, 2년은 머쓱해하며 답하던 나도 이제는 말이 끝나기가 무섭게 아니라고 답한다. 그러면 으레 다음 질문이 따라온다. "그래도 애인은 한국어 좀 늘었지? 여기서 일하잖아." 나는 한 번 더 같은 대답을 돌려준다. 상대는 조금 놀라워한다. 4년을 만났는데 어쩜 그럴 수 있느냐고. 그중에는 허투루 만난 거나 다름없다고, 시간이 아깝다고 대놓고 말하는 이도 있었다. 나는 어깨를 으쓱하며 그러게 말이야, 하고 자조하는 것에 익숙하다. 이쯤에서 끝날 거라 생각했던 질

일기 쓰고 앉아 있네, 혜은

문은 간혹 이렇게 변주되곤 한다. "아, 대신에 영어가 많이 늘었겠네!" 으응……. 아니 그냥, 조금. 모든 대답의 진실을 말하자면 반은 맞고, 반은 틀리다.

애인은 작은 회사에서 일당백을 하는 마케터다. 나는 인터뷰를 하고 기획기사를 작성하면서 글밥을 먹고산다. 그와 내가 각자의 위치에서 얼마나 필사적으로 모국어를 구사해야 하는지를 생각하면 우리가 함께일 때 나누는 대화는 얼마나 엉성한지 모른다. 나로 말할 것 같으면, 학창 시절 영어시험의 서술형 답안지를 쓸 때처럼, 문장성분은 허술하고 시제도 엉망인 말들을 끌어다 쓰기 일쑤다. 와중에 머릿속으로는 다음 말을 부지런히 골라내야 한다. 대화의 시간이 연애의 수명에 미치는 영향을 생각했을 때, 우리는 꽤나 안정적인 커플이지만 질적으로도 그러한지는 미지수다.

우리에게 영어란 무엇인가. 애인은 대학을 졸업한 뒤 뉴욕으로 8개월 단기 어학연수를 다녀온 이력이 있고, 나는 열살 때부터 팝송 부르기를 좋아하는 아이였다. 초등학교 3학년 때 여름방학을 앞두고 열린 장기자랑에서 영화 〈타이타닉〉의 주제곡을 부른 기억이 있다. 그게 전부다. 흥미가 성적을 보장해 주지는 않는다는 걸 나는 9년 동안의 영어공부를 통해 느꼈다. 우리가 각자에 지나지 않았을 때, 영어는 어째서 영어가 만국공통어의 자리를 차지했는지 자주 분통 터지게 만드는 존재였다. 다행히 서로를 처음 마주한 순간부터는 오작교 역할을 톡톡히 해 주었기에 그동안의 고통을 보상받았지만, 그럼에도 안부를 묻듯 나와 애인의 제2외국어 실력을 궁금해하는 이들을 만나고 오는 날에는 전에 없던 답답함을 느끼는 것이다.

하루는 애인과 나눈 카카오톡 대화창을 무의미하게 스크롤하고 있는데, 압도적으로 눈에 채는 말이 있었다. 그건 바로 Take care.

둘 중 누군가 야근을 할 때, 친구나 동료와 술을 마시고 늦게 귀가할 때, 미팅이나 출장을 갈 일이 생길 때, 한국의 버스기사가 오늘도 난폭운전을 한다며 그가 농담처럼 투정을 부릴 때, 또 왜 한국 사람들은 지하철에서 두툼한 백팩을 제 발 아래에 내려놓지도 앞으로 돌려 메지도 않아서 통행을 방해하는 거냐고 그가 보다 명확하게 비난할 때, 서로 공유하고 있는 친구의 이별 소식을 전하거나 들을 때에도 우리는 타이핑했다. Take care.

마음이 뾰족한 날에는 참 성의 없네, 라고 생각했던 말이 그날따라 좀 애틋하게 보였다. 조금이라도 괜찮지 않으면 안될 것처럼, 끈질기게도 서로의 안위를 바랐구나 싶어서. 아무리 조심해도 하루가 와르르 무너지는 순간도 더러 있지만 "Take care" 상대의 짧은 문자나 목소리 한마디면 금세 "It's ok"라고 답하는 우리가 그날따라 투명하게 드러났다. 덕분에 애인과 나는 서로를 심각하게 걱정하지 않는다. 영어로 위로를 건네고 마음을 쓰는 것이 성에 안 차기로는 둘 다 마찬가지일 테다. 이 연애의 가장 큰 장점이자 단점은 서로의 내면이 얼마나 요지경인지 모르는 채로 평화를 유지한다는 점이다.

지금의 나로서는 그의 언어를 배운다는 게 새로운 책임을 져야 하는 일 같다. 당신의 내면이 얼마나 이판사판인지 내가 한번 들여다보겠다고. 당신이 말을 하다 멈추는 일이 없도록. 지레 겁을 먹고 숨기는 것들을 줄이기 위해, 지치지 않고 귀 기울이겠노라 장담하는 것처럼 느껴진다. 그만한 깊이에 잠겨야 하는 미래가 내심 두렵기도 하다. 지금의 모든 모순을 반복할지언정 영영 피하고 싶은 책임인지도 모른다.

때문에 언젠가 애인이 불쑥 건넨 말은 나를 적잖은 충격에 빠뜨렸다.

"나는 너랑 이야기하는 게 좋아. 너랑 말하고 있다 보면 영어로 말하고 있다는 걸 가끔 잊을 정도로."

황당하기도 하고 얘는 내 속을 조금도 모르는구나, 우습기도 해서 나도 모르게 이렇게 답해 버렸다.

"그래도 올해는 정말로 중국어를 배워 볼까 해."

애인은 웃기지도 않는다는 듯 단호하게 대꾸했다. 나를 진즉에 다 알아 버린 사람의 표정을 하고선.

"아니, 나는 그 말 안 믿어."

그날 나는 대만의 인디밴드가 영어 가사를 붙여 만든 음악을 들었다. 노래는 이렇게 반복한다. "I won't be too late, I won't be too late." 너무 늦지는 않을 거라고.＊

🏔 2016년, 스물일곱, 9월 6일

책도 필기구도 없이 떠나는 여행. 세 번째 대만 여행 길에 올랐다. (승무원에게 펜을 빌려 출력해 온 e-티켓 뒷면에다 쓰고 있는 중이다.) 조금 졸리고 생각만큼 설레진 않다. 너도 한국에 올 때 같은 마음일까? 네 얼굴을 봐야 비로소 가슴이 뛰겠지. 지금은 무언가 적고 있다는 것만으로도 충분하니까. 아무것도 되지 못할 글이라도. 꼭 뭐가 되어야 할 필요가 있나? 무엇이 되지 않아도 좋다. 너도 나도.

비행기의 동력은 뭘까? 설명해 줘도 모르겠지. 새삼 신기하다. 하늘에 떠 있는 지금 이 순간이. 과학이 아닌 다른 힘으로 우리가 날고 있는 것만 같다. 이륙의 소음과 공포를 이기고 새 계절에 너를 보러 간다.

＊　Sunset Rollercoaster, <My Jinji>에서.

2017년, 스물여덟, 2월 25일

나도 내가 병이라고 생각한다. 사람을 질리게 한다는 것도 안다. 우리는 서로가 폭발하지 않도록 노력하고 있다. 언제 터질까? 우리는 제대로 익기도 전에 썩어 버리는 걸까?

2018년, 스물아홉, 3월 16일

새벽녘 동안 계속된 애인의 고백을 들으면서 나는 정말로 혼자 살아야 하는 걸까, 깊이 고민했다. 외동딸의 결혼을 누구보다 바라고 있는 엄마도 한 달에 두어 번 정도 나와 주말을 보낼 때마다 이럴 거면 혼자 살라고 비웃는다. 이제 이런 말들엔 상처받지도 않는다.

그냥 가만히 듣고선 알겠다고 말해 버린다. 뱉어 놓고 무책임한 말 같아 요즘의 바쁜 일들이 나를 이기적으로 만든 건지, 이게 내 본모습인지 모르겠다고 소심하게 덧붙이자 애인은 "그게 너의 본모습이야"라고 나 대신 확신해 주었다. 나는 침묵으로 수긍했다. 평온해야 마땅할 금요일 밤, 우리는 무섭도록 고요하게 보냈다. 연인 사이에 절대로 묻거나 답하고 싶지 않은 질문이 왜 나를 사랑하느냐인데, 침묵 속에 덜컥 묻고 말았다. 한숨으로 일관하던 애인은 이유가 없단다. 이내 돌아오는 그의 반문에, 나는 너의 그 이유 없는 사랑을 믿기 때문이라고 답했다. 그러니까 내 사랑에는 이유가 있었다. 너무나 서로다운 대답에 웃음이 터진 우리는 그 질문 덕분에 다시금 일상을 이어가고 있다. 그래도 내가 그를 실망시켰다는 사실에는 변함이 없다.

2018년, 스물아홉, 8월 16일

애인이 떠나기 하루 전. 여름을 한국에서 보내고 가을을 맞으러 가는구나. 힘들었던 날들도 결국 지나가는구나. 오늘은 날씨마저 벌써 가을 같다. 우리는 어디로 가고 있는 걸까? 하루가 빨리 흘러 버려서 그냥 어딘가에 닿아 있었으면 좋겠다.

2018년, 스물아홉, 11월 2일

서로를 기억할 우리가 있다는 것. 삶을 사랑하는 이유이자 모종의 책임이 된다. 나를 기억하는, 기억할, 기억했던 이들에게 부끄럽지 않은 내가 되기 위해.

2019년, 서른, 4월 28일

이번 삶은 왜 이다지도 힘든 걸까. 너와 밥을 먹고, 더워지는 날씨에 산책을 하고, 다시 또 밥을 먹고 그사이 잠깐 다투고. 문을 열어 두면 바람이 그걸 씻겨 주고……. 나는 사람들 앞에서 우리를 포장하기 바쁘고. 그래도 모든 이면의 우리를 사랑한다. 욕심을 내자면 너 또한 그랬으면.

🏠 2019년, 서른, 5월 9일

오늘부터 4박 5일 동안 서울 가이드가 된다. 첫 코스로 애인의 가족들과 함께 종로의 밤거리를 걷고, 동대문 닭한마리 골목에서 긴 줄을 기다린 끝에 식사를 했다. 방금 전까지만 해도 맥스타일과 밀리오레를 구경했다. 엄마가 아닌 여자 어른들과 동대문을 늦게까지 거닐어 보는 것은 처음이라 기분이 묘하다. 현금 계산은 얼마나 할인이 되는지, 행거에 걸린 것 말고 새 제품이 있는지를 살뜰하게 물어보는 내가 익숙하면서도 낯설다. 돌아오는 일요일까지 관광객의 눈으로, 나이 든 외국인의 눈으로, 이 도시를 처음 보는 사람의 눈으로 매일을 보내려 한다.

🏠 2019년, 서른, 11월 27일

에릭이 왔다. 에릭이 한국에 오면 늘 이렇게 일기를 시작했던 것 같다. 나중에 "에릭이 왔다" 혹은 "에릭이 갔다"로 시작하는 일기가 몇 개나 되는지 세어 봐야지. 에릭은 언제나처럼 설날도 가족 없이 이곳에서 보내고 2월말에나 제 나라로 돌아가겠지. 나는 오늘 온 애를 두고선 얘가 3개월 후에 돌아가는구나 손가락을 접어 보는 애인이다. 지난 4년 동안 매년 최소 3개월씩 함께 지냈으니 꼬박 1년을 붙어 있었네. 여름이나 가을의 짧은 머묾도 더한다면 2년 가까이 되었을라나. 같이 산다는 건 뭘까. 이미 그러고 있으면서도 아득하다.

4장
/

그럴
거면

일기를
쓰지

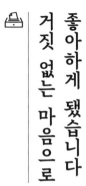

좋아하게 됐습니다
거짓 없는 마음으로

일기처럼 매일은 아니지만 가끔씩 짧은 소설을 쓰곤 한다. 소설을 쓴다고 말하는 것은 일기를 쓰고 있습니다, 라고 말하는 것보다 부끄럽다. 마치 '덕밍아웃'을 하거나 '일코해제'를 하는 기분이랄까. 무엇이든 내가 좋아하는 일을 좋아한다고 말할 때에는 왜 망설이게 되는지 모르겠다. 무언가에 애정을 느끼는 마음을 좀처럼 이해받지 못한 채로 자라 왔기 때문일까?

과거의 나는 '금사빠'까지는 아니어도 상대에게 쉽게 호감을 느끼는 타입이었는데, 누군가를 좋아하는 마음으로만 충분했던 나에게 몇몇 친구들은 말했다. "고백해! 저러다 쟤 여자친구 생기면 어떻게 해?" 그런 말을 들으면 잔잔했던 마음 어딘가가 콕콕 쑤시기도 했다. 그러나 매일 그 아이(들)의 얼굴을 보고 하루에 서너 마디씩 나누는 것만으로도 내 일상은 만족스러웠다. 좋아하는 상태, 그 마음이 좋았다.

노래 부르는 것을 좋아하는 내가 실용음악을 배우고 싶다고 했을 때 선생님과 부모님은 물었다. "가수가 될 거니?" "연예인이 꿈이었니?" 아니, 나는 다만 노래를 더 잘, 더 자주 부르고 싶었다. 방과후에도 관심 없는 수업을 듣기 위해 학교나 학원에 앉아 있고 싶지는 않았다. 그러나 학교와 부모님은 야간 자율학습과 등가교환할 만한 것을 필요로 했다. 내 뜻대로 노래를 하게 해 주었으니, 허락한 이들에게도 보상이 필요했던 셈이다. 나는 한 번도 생각해 본 적 없는 미래를 걸며 그들을 안심시켰다. "TV를 보면, 가수가 되고 싶어 하는 사람이 저렇게나 많잖아요. 저는 그들을 돕는 보컬 트레이너가 되고 싶어요."

이때부터였을까, 좋아하는 것을 좋아한다 말하기를 부끄러워하기 시작한 것이. 결국 무엇이 되고자 연습실에 갇혀서 노래를 불러야만 했던 나는 장장 5년간의 거짓말을 그만두고 나를 지지해 준 모두에게 실망을 안기며 열아홉이 되었다. 누구는 비웃고 더러는 위로를 건넸지만 공교롭게도 그 둘은 같은 말을 했다.

"그럴 줄 알았어. 그렇게 좋아하는 게 아닐 줄 알았어. 결국 이리될 것을. 이제 어떡할래?"

"괜찮아, 네가 생각하는 것처럼 좋아하지 않았다는 걸 이제 깨달았을 뿐이야. 지금부터 네가 진짜 좋아하는 걸 찾으면 돼."

나는 어떤 대답도 하지 못했다. 당신들의 말에 전부 수긍한다는 듯 쓸쓸하게 웃었다. 좋아하는 마음을 그저 좋아하는 마음으로만 간직하는 게 얼마나 어려운지 조금 아프게 깨달았을 뿐이다.

그런 마음들을 일기장에도 쓰고 백일장에 나가서도 쓰면서, 나는 덜컥 소설가나 시인이 되고픈 아이들이 모여든 대학에 가게 되었다. 그 틈에서 감히 무엇도 꿈꿀 수 없었다. 그저 등록금과 젊음을 낭비하는 재미로 지냈다. 수업은 빠져도 술자리는 놓치지 않았던 시절이었으므로, 20대 초중반에 쓴 일기는 신파와 치기로 가득하다. 그런 주제에 스물네다섯까지 신춘문예나 크고 작은 소설 공모전에 꾸준히 응모했다는 게 이제는 쉽게 믿어지지 않는다.

기억이 부재한 기록을 마주한 밤에는 일기장에라도 소설을 써야 하나 고민이 된다. 한편으로는 좋아하는 마음 없이도 소설을 쓴 시간들을 조금도 떠올릴 수 없음에 차라리 감사하다. 그 시간 속에 나는 아무에게라도 매달리고 싶은 얼굴을 하고 있을 테니까. 그 아무를 어디에서도 찾지 못하고 작고 좁은 제 안을 파먹느라 자꾸만 허기가 졌을 테니까.

그런 식으로라도 글을 썼던 시간들이 결국 나를 텍스트에 익숙한 인간으로 만들어 주었나 보다. 몇 개의 직장을 거치고 프리랜서 인터뷰어로 글밥을 먹고 있는 지금은 그야말로 '밥'이 될 글을 공들여 쓰고 있다. 불과 몇 달 전의 기사라도 다시 읽어 본다면 군데군데 정제되지 못한 감정부터 눈에 들어와 얼굴이 달아오르겠지만, 그것들은 내가 써 온 글 중 가장 정돈된 모습으로 남아 있다.

일기장이 일러 준 소설의 흔적 때문이었을까? 또다시 '밥'이 되지 않을 글에 대한 갈증이 일었다. 쓸쓸한 불발탄을 보고도 생긴 용기는 뒤늦게 자라난 '진짜 좋아하는 마음'이라고밖에 설명할 길이 없다.

때마침 우연한 기회로 작은 글 모임에 참여할 수 있었다. 2019년, 새봄이 임박하는 2월부터 여름 무렵까지 주말마다 한 편의 글을 품고선 외출했다. 그 계절의 일요일을 나는 이렇게 회상한다.

포근한 아침. 빨간 광역버스를 타고 광화문에 간다. 일주일 동안 쓴 소설을 종로 킨코스에서 그날 글방에 참여 예정인 인원수에 맞게 출력한다. 스타벅스 디타워점에서 간단히 점심을 해결한 뒤 5호선을 타고 답십리역 촬영소사거리로 향한다. 가방 속에서는 사람들과 나눠 먹을 빵 냄새가 고소하게 새어 나온다. 나의 포근한 일요글방에 신랄한 합평은 없다. 밀린 안부를 묻듯 서로의 글에서 지난 일주일을 어루만져 주는 이야기가 오간다. 그것이 과연 앞으로의 소설 쓰기에 얼마나 도움이 되는지는 모르지만, 지금의 좋아하는 마음을 지키는 데에는 분명 도움이 되리라.

유난히 따스했던 그때를 그리워하며 습작노트를 펼친다. 언제 마지막으로 썼는지도 가물거리는 엉성한 플롯이 잔뜩 엉켜 있다. 실마리를 잃어버린 이야기들은 아무리 내려도 곧 미지근하게 녹아 버리는 봄눈 같다. 다시 소설을 써 보겠다 다짐할 때의 내 마음도 꼭 그만큼의 온도였겠지. 가끔은 좋아하긴 하는 건지 헷갈릴 정도의 은근함이지만, 영영 증명할 필요가 없을 이 마음을 소중히 간직하고 싶다.

🏠 2009년, 스물, 2월 28일

그야말로 '덜컥' 대학교에 입학했다. 내 주제에 감사할 일이지. 언제나 내가 하고 싶은 것만 하면서 지냈잖아. 그런데 제대로 끝까지 책임을 진 적은 없었잖아. 이번엔 달라야지. 잘할 수 있지? 나를 믿고선 괜찮다, 괜찮다, 할 수 있다 다독이면서 힘내 보자.

🏠 2010년, 스물하나, 1월 24일

쿨한 인간이란 뭘까. 모르겠다. 다만 나도 멋지고는 싶다. 요즘은 글 쓰는 게 가장 어려우면서도 재미있다. 점점 '못할 것도 없지 뭐'라는 생각도 든다. 방학 때마다 단편을 완성해 볼까? 학기 중에도 열심히……. 2학년이 되니까 뭔가 비장해진다.

🏠 2014년, 스물다섯, 2월 17일

"네, 그럼 늦어도 4시까지는 오픈해 주세요."
블로거에게 포스팅을 부탁할 때마다 으레 덧붙이는 말이다. 우리가 적어 준 지라시 같은 글에 벌써 수십 번은 중복되었을 이미지들을 조합해 그들의 블로그에 올려 달라고 '부탁'할 때에, 우리는 "오픈해 주세요. 기다리겠습니다"라고 명랑하게 말하며 통화를 능숙하게 매듭짓는다. 콘텐츠 마케팅 그룹이라고는 하지만 널리고 널린 바이럴 마케팅 회사의 흔한 업무 풍경이다.

그럴 때면 문득 내 소설은 세상에 '오픈'할 수 있기는 한 건가 막막해진다. 간신히 상위 노출되어 있던 우리 쪽의 글이 다른 광고 글로 인해 검색결과에서 2페이지로, 3페이지로, 더 아래로 아래로, 뒤로 뒤로 밀려가듯 내 소설도 세상에 나온다 한들 이 같은 운명에 처하진 않을까. 쓸데없는 걱정을 한다.

🏠 2014년, 스물다섯, 12월 23일

겨우 2페이지 소설 응모도 보기 좋게 탈락. 창피하다. 하필 이럴 때 편집장님의 한 마디가 생각난다. "윤 기자가 글감은 참 좋아." 새로운 트라우마가 생길 것 같은 느낌. 때때로, 어쩌면 항상, 줄곧, 칭찬은 나를 망가뜨려 왔다.

🏠 2015년, 스물여섯, 3월 28일

스페셜 기사 퇴고를 마쳤다. 으레 막내 기자에게 돌아오는 차례보다 조금 더 빨리 10페이지에 달하는 기사를 맡게 되었다. 마침내 10이라고 찍힌 쪽번호 앞에서 문득 단편소설 분량을 떠올렸다. 대학 시절 합평, 또는 크고 작은 공모전들을 위해 쓴 원고들, 혹은 어떠한 목적도 없이 써 내려간 즐거운 습작들……. 물론 오늘 내가 찍은 마침표는 더없이 새롭고 뿌듯하다.

그럼에도 이따금씩 사무치게 그리운 마침표들이 있다. 어쩌면 이대로 영원히, 마냥 그리워해야 할 존재가 되기를 바라는 건지도 모르겠다. 핑계만 쌓이는 글쓰기 앞에서 1페이지를 채우는 것도 이제는 버겁지 않을까. 다시금 겁을 먹고 벽을 세운다.

스페셜 기사의 도비라에는 대개 꽃 이미지를 사용한다. 고화질의 꽃잎 무더기에서 메인 사진을 선별하다 보면 현기증이 인다. 마감이 끝나면 진짜 향기가 나는 꽃을 보러 가고 싶다. 수많은 봄을 쓰고 싶다.

△ 2017년, 스물여덟, 3월 22일

무엇이 되었으면 좋겠다는 바람으로 시작한 글은 많았지만 결국 무엇이 된 글은 없었다. 무엇도 되지 못한 글들은 내 손끝으로 다시 스며들어 내가 된 건 아닐까 생각한다. 오늘 이 글을 쓴 나는, 내일 어떤 내가 되어 있을까. 내일은 또 무슨 글을 써 모레의 나를 빚어 낼까. 이렇게 또 멋대로 쓴 글에 책임감이 더해진다. 그동안 이 무거움을 핑계로 나는 말해 왔구나. "내가 어떻게 소설을 쓸 수 있겠어."(실은 "그래도 모를 일이지"라고 말하고 싶었는데 말이다.)

△ 2017년, 스물여덟, 11월 4일

어떤 소설가는 처음 그를 전율케 한 소설을 읽은 뒤 이렇게 말했다고 한다. "세상에 이런 소설이 존재하는데 어떻게 소설을 쓰지 않고 살 수 있겠는가." 모르고 살았으면 몰랐지, 한번 예술의 경이로움을 느낀 자들은 예술을 알기 이전의 존재로 돌아가기 어렵다는 말이다. 말하자면 '이런 음악을 들었는데 어떻게 평소처럼 살아갈 수 있지? 이런 그림을 봤는데? 이런 책을 읽었는데 어떻게?'라는 뉘앙스. 그리하여 니체와 아감벤은 이렇게 주장하는 것이다. 남들의 기준, 남이 만든 직장에 얽매여 살아가는 게 아니라 스스로 규칙을 만들고 정하는 '예술가'들이 되라고. 노예가 아니라 주체로서 살라고 북돋는다.

🏠 2019년, 서른, 2월 17일

글방에 갖고 간 짧은 소설에 대한 반응이 좋다. 소설을 칭찬받다니. 말도 안 돼. 글을 쓰면서 이런 피드백을 다 받다니. 계속 쓸 용기를 얻는다. 더 써 보라는 듯이.

일기가 아닌 소설을 쓰세요

인터뷰를 하다 보면 언제부터 글을 쓰게 되었냐는 질문을 종종 받는다. 그럴 때마다 "사실은 소설을 쓰고 싶었는데 말이죠…… 등단은 너무 먼일처럼 느껴지고…… 그런데 졸업을 했으니 먹고는 살아야 하지 않겠습니까"로 시작하는 청승을 떨어댄다. 졸지에 내 일은 '그저 먹고살기 위해 하는 일'로 전락해 버린다.

하지만 처음으로 'Written by' 또는 'Editor' 옆에 내 이름이 인쇄된 잡지를 펼쳤을 때, 나는 얼마나 설렜던가. 글을 쓰고 돈을 번다는 사실에 고무되어 겁 없이 키보드를 두드렸던 시절은 부끄럽지만 소설이 아니라는 이유로 무시할 일은 절대로 아니다. 게다가 지금도 간헐적으로 '글밥' 아니, '잡지밥'을 먹으며 간신히 연명하는 주제에 저런 무례한 발언이라니.

부지불식간에 재발하는 소설병이 나도 정말이지 지겹다. 소설을 쓰지 않는(못 쓰는) 자아가 갖고 있는 피해의식도 같잖다. 누구도 나에게 '너는 소설을 써야 한다'라고 단언한 적 없고 나 또한 소설가가 되겠다는 다짐으로 문예창작과 졸업장을 받은 것도 아닌데(딜레마는 여기서부터 시작된다) 은근슬쩍 소설은 내 삶에 '언젠가 써야만' 하는 것으로 간주되어 있었다.

문학 교과서 사이에 《오만과 편견》을 끼워 읽다 걸렸을 때부터였을까? 아니면 《사랑 후에 오는 것들》을 읽고선 가슴이 두근거려 원고지 30매 분량의 감상문을 쓴 열여덟의 밸런타인데이 때부터였을까? 그것도 아니면 추석 연휴, 머리도 감지 않고 광화문 교보문고에서 책을 읽는데 별안간 웬 소책자에서 나를 '이달의 독자'로 선정하는 바람에 서 있던 포즈 그대로 사진이 찍히고 만 가을부터였을까?

마침내 스무 살, 학교 도서관 낡은 가죽소파에 몸을 파묻고 《죽은 왕녀를 위한 파반느》를 펼친 역사적인 겨울까지 몽땅 불러 본다 한들, 소설을 쓰려고 나섰던 실마리는 찾을 수 없을 것이다. 처음은 으레 소설 읽기를 좋아하는 사람들에게 한 번씩 찾아오는 바람에 지나지 않았겠지만, 그것이 생긴 대로 스쳐 지나가지 않고 자꾸만 유턴해서 불어온다면 이유를 따지는 것은 무의미한 노력일 테니까. 결국 쓰면서 고통받든지, 안 쓰고도 괴로워하든지 둘 중 하나다. 후자가 덜 고통스러울 것이 분명하므로 나는 치사하게 그 편을 택하고 있는지 모른다.

글 모임에서 소설을 쓰기 시작한 지 세 달째. 그즈음 나는 탁, 탁 엔터를 치며 명쾌한 단락 나누기에 작은 희열을 느끼고 있었다. 하루는 모임을 주최한 작가가 말했다. "지금까지 봐 온 혜은 씨 소설엔 공통점이 있어요. 주인공이 늘 어딘가를 향해 걷고 있고, 옛 기억을 떠올리면서 화들짝 놀라요." 그 말에 (다시금 화들짝 놀라며) 내가 쓴 글을 살폈다. 과연…… 이 정도면 추억 알레르기가 있다고 해도 좋을 법한 설정이 군데군데 보였다. 집으로 돌아와 퇴고를 하면서 '나'를 조금 덜 놀라는 인간으로 바꿔 놓았다. 비교적 차분해진 '나'가 어색했지만 내게는 없는 그 건조함이 퍽 마음에 들었다.

매일 밤 일기장을 펼칠 때마다 나는 조금 놀란다(또……). 사람은 참 징그럽게도 변하지 않는구나 싶어서. 재작년의 오늘을, 작년의 오늘을 조금씩 변주하며 살아가고 있는 기분이다. 소설에는 어쩔 수 없이 나라는 인간이 투영되는데, 이런 내가 쓰는 소설이 흥미로울 리 만무하다. 언제까지나 반경 5미터 내의 이야기만 쓸 것이라면 일기장이 아닌 다른 페이지는 필요 없을 것이다. 소설을 쓸 때 자주 불러오는, 지금 여기로부터 벗어나고 싶지만 사사로운 기억에 붙잡혀 이내 멈춰 버리는 주인공도 마찬가지다. 너무 익숙하잖아. 현실에서 지겹도록 반복하는 내 모습이잖아.

그런 주제에 모임에서 지은 글을 모아 공모전에 지원하는 용기를 냈다. 중단편과 초단편 부문에 모두 지원했는데, 결과 발표 날 어느 페이지에도 내 이름은 없었다. 익숙한 기시감이 밀려왔다. 분한 마음에 다시 습작 폴더를 뒤져 봤지만 밑천이 없어도 너무 없었다. 어느 소설가는 라면 한 상자 분량의 원고가 있다지. 그 상자와 함께 퇴고를 거듭하며 새 소설을 증식시킨다는데. 내게는 라면 상자는커녕 택배 안전봉투 하나를 채울 만큼의 원고도 없다. 나 정말 가난하구나. 별안간 허기가 졌다. 냉장고는 빈약한 폴더보다는 형편이 나을 터였다.

얼려 둔 식빵을 전자레인지에 돌려 버터만 싱겁게 발라 먹었다. 평소라면 계란을 굽고 프라이팬의 남은 자리에다 파프리카도 볶으면서 소금을 톡톡, 통후추까지 갈아 넣겠지만 오늘은 나에게 아무런 정성도 들이고 싶지가 않다. 싱크

일기 쓰고 앉아 있네, 혜은

대에 기대 친구가 두고 간 사과주스로 목만 축인다. 모양이 예쁜 유리병이라 잘 씻어서 마른 꽃을 꽂아두면 보기 좋겠다고 생각한다. 몇 주 전 애인이 선물한 장미가 마침 거실장 위에 멋없게 놓여 있다. 말리려는 정성 없이, 물 받은 병에 넣어 두기를 깜빡 잊은 듯한 모양새로. 먼지가 많이 쌓여 있으면 어떡하지. 털어 내다 꽃잎도 같이 바스러질 텐데. 발치로 떨어지는 부스러기를 상상하니 생각만으로도 귀찮다. 빈 병은 그대로 분리수거 박스에 넣었다.

새 문서를 채운 좀 전의 열두 줄을 읽어 본다. 뭐해. 일기가 아닌 소설을 써야지, 혜은아.

🗓 2014년, 스물다섯, 7월 31일

내게 아직 기회가 남아 있다면, 성장통 없는 성장을 하고 싶다.

🗓 2015년, 스물여섯, 5월 13일

누군가 그랬다. 글은 꾸미려들수록 전하고자 하는 의도를 흐린다고. 내가 흐린 의도는 어디로 흘러가 오독을 낳았나. 감당할 수 없는 잘못이 밤이 되기도 전에 쏟아진다. 한편으론 이런 마음이 우스운 게, 내가 썼으면 뭘 얼마나 썼다고 참.

📖 2016년, 스물일곱, 2월 28일

누가 말했다. 글은 울고 난 후 쓰는 거라고. 우는 동안에는 글을 쓰면 안 되는 거라고. 나는 언제쯤 다시 글을 쓸 수 있는 거지?

📖 2019년, 서른, 3월 21일

엄마와 천안 나들이를 마치고 당진으로 돌아가는 버스 안. 가수 조규찬이 아들을 생각하며 썼다는 노래 <해 지는 바닷가에서 스털링과 나는>을 들으며 짧은 소설의 도입부를 완성했다.

어느 봄날, 문자 씨는 아침부터 좀 들떠 있었다. 그날은 모처럼 짬을 내어 집에 내려와 있는 딸 보라와 함께 C시에 놀러 가기로 한 날이었다. 문자 씨는 여느 때처럼 마른기침으로 하루를 시작하면서 C시의 미세먼지 농도를 체크했다. 세계보건기구의 권고기준보다는 조금 웃돌았지만 미국 환경보호국 기준에 따르면 보통으로 맑은 날이었다. 보통의 사람들보다 다소 낙관적인 그녀에게 보통은 곧 좋음이나 다름없었으므로, 문자 씨는 제 기분에도 파란색 막대그래프가 길게 채워진 양 산뜻한 미소를 지었다.

나의 공유 일기장

나에게는 십년일기장 말고도 일기장이 하나 더 있다. 이름은 더 레코드the_Record. 카카오톡 오픈채팅방에서 익명으로 진행되는 온라인 일상 기록 모임이다. 일기란 본래 쓰는 자가 유일한 독자여야 마땅하지만, 이곳엔 자신 말고도 수십 개의 눈이 더 있다. 대신 서로의 기록에 아무런 코멘트를 남기지 않는 것이 원칙이므로 그 눈들은 모두 심연을 알 수 없을 만큼 고요하다. 누구라도 자신의 일기장을 낱낱이 읽은 사람과는 절대로 대면하고 싶지 않듯이 이 모임 또한 거추장스러운 오프라인 만남 같은 건 없다.

이 깜찍한 아이디어는 장안동 어느 골목에 위치한 '영화책방 35mm'에서 시작되었다. 처음의 취지는 하루하루 흘러가는 매일을 붙잡아 두기 위한, 혹은 쓰는 존재로서의 자신을 보다 온전하게 느끼고 싶은 이들을 위한 기록이었던 것으로 보인다. 책방의 단골손님인 나는 인스타그램 피드를 확인하자마자 이거다! 싶었다.

생각해 보면 이상한 일이었다. 난 이미 일기 쓰기가 몸에 배어 있고, 하루가 얼마나 엉망이었든지 간에 결국 그 끄트머리에서는 무언가를 끄집어내는 데에 익숙한 사람이니까. 도통 마음에 안 드는 스스로를 구원하는 방편으로 일기를 잘 활용해 온 내가 굳이 일기장을 늘릴 필요가 있었을까? 책방을 향한 애정은 핑계고, 다른 사람의 일기를 엿볼 수 있다는 짓궂은 호기심 때문이었겠지. 나는 음흉한 마음으로 무형의 일기장에 접속했다.

'공동의 일기장'을 갖게 된 사람들은 스스럼없이 자신에 대해 썼다. 친구에게 보내는 시시콜콜한 메시지처럼 안전하고 유쾌한 하루도, 전송 버튼 앞에서 얼마나 오래 망설였을까 짐작하게 하는 하루도 나란히 같은 밤을 맞았다. 누구는 비밀에 가까운 일상을 털어놓으면서 마음의 짐 하나를 덜기도 했을 것이다.

무엇 하나 쉽게 상상할 수 없는 이들의 하루가 하나씩 도착하는 게 꼭 멀리서 떨어지는 유성우 같다고 생각한 적 있다. 다만 하늘에 그어지는 유성우를 발견할 때마다 온갖 소원을 빌었다면, 레코드 방의 일기 앞에선 나보다 그들의 평안부터 바라게 된다.

어머니의 급작스러운 수술 소식, 축축한 공기가 한없이 몸뚱어리를 바닥으로 끌어내리는 이유 없는 오후, 홀로 즐기기엔 아쉬운 드라마를 기꺼이 정주행하는 밤, 혼자 차지한 맥주 두 캔이 자아내는 충분한 풍경, 워킹맘의 쓸쓸한 사투와 좀처럼 나아지지 않는 프리랜서의 궁핍한 가계…… 각자의 하루는 몹시 낯설어서 신비로운 구석마저 있지만, 부지런히 일기를 쓰고 하루를 들여다본다 해도 내일을 예측할 수 없다는 점에선 하나같이 공평하게 불안하다.

9월, 불어오는 선선한 바람으로 비로소 여름이 지나갔음을 안 날이었다. 당분간은 근거 없는 우울에 빠지지 않겠구나, 다시금 스스로를 긍정할 힘을 기다리고 있었다. 그날 밤 레코드 방엔 이런 글이 올라왔다.

쌀쌀한 바람이 불기 시작한다. 매년 이맘땐 마음이 가장 어려워지는 시기이기도 하다. 더 어렸을 땐 나 개인의 문제라고 생각했지만 이제는 날씨에 탓을 돌려 본다.

삶을 향한 의지로 살찌는 가을이 누군가에겐 내가 겪는 여름처럼 힘든 시간일 줄이야. 내내 홀가분하던 마음이 잠시 서늘해졌다. 이 계절이 그에게만은 빠른 속도로 흘러가 버렸으면. 이런 날에 레코드는 서로 다른 행성을 감지할 수 있는 유일한 시그널로 깜빡인다.

오늘도 레코드 방에는 저마다의 하루들이 스치듯 지나간다. 시간이 자정을 향해 갈수록 빠르게 이어지는 익명의 성실함을 보고 있으면 서둘러 그 고요한 대열에 동참하게 된다. 유난하거나 초라했던 하루도 이내 덩그러니 그 속에 섞인다. 일기가 위로 밀려나는 게 꼭 어디론가 떠나는 모양 같아 후련하다. 나도 더는 남들이 나와 얼마나 다르게 살고 있는지를 궁금해하지 않는다. 그저 어디선가 남들도 나처럼, 또 나도 남들처럼 힘을 내서 살아가고 있다는 것을 선연히 확인할 뿐이다. 매일같이 구체적으로 존재하는 현실에 용기를 내 하루를 또 쓴다.

하마터면 오늘의 일기를 여기서 끝낼 뻔했다. 이제 레코드 방을 다시 한번 소개해 볼까.

일기 쓰고 앉아 있네, 혜은

나에겐 내 하루와 이별하러 왔다가 남의 하루에 붙잡히고 마는 귀엽고 따뜻한 공유 일기장이 있다. 그런 의미에서 레코드 방은 종종 일기 장場이 된다. 검열도 판단도 필요 없는 이곳에다 오롯한 나를 내보이고 난 뒤엔 스스로 투명한 시선이 된다. 다른 사람들도 그러하리라 믿으면서 내가 없는 하루들에 예의를 갖춘다. 덕분에 나도 가끔은 필요 이상으로 솔직해지곤 한다. 십년일기장에서처럼 습관적으로 스스로를 위로하는 대신, 있는 그대로의 하루를 재생해 본다. 하루와 나 사이에 약간의 거리가 생기고 쓸데없는 감상도 슬그머니 빠져나간다. 마침내 무작정 달래 주지 않아도 되는 모습이 드러나는 순간. 내 무거운 일기장 바깥에서의 하루는 모두 여기에 있다.

⌂ 2019년, 서른, 8월 1일, 레코드 일기

친구와 타로카드를 봤다. 집에서, 유튜브로. (정말 유튜브란 뭘까.) 타로 마스터들이 올려놓은 콘텐츠들이 하나같이 흥미롭기도 했지만(예를 들면 적게 일하고 많이 벌기 위한 직업적성 찾기) 무엇보다 이런 방식으로 타로를 본다는 것이 신기했다. 툭하면 시내에 즐비한 천막을 열고 들어가 연애운을 보던 대학 시절을 회상하며 금방 빠져들었다. 마스터들은 제각기 다른 주제를 선정해 자기만의 분위기로 테이블을 꾸미고 자기만의 언어로 카드를 해석해 갔다. 화면 너머로 기대에 찬 눈빛을 보내는 무수한 고객들에게 닥칠 가까운 미래를 점쳤다. 가장 인상 깊었던 주제는 '1년 뒤 미래의 나에게서 온 편지'였는데, 웃기게도 눈물이 날 뻔해 혼났다. 타로 마스터의 목소리가 너무 다정하여서, 실제로 미래의 나를 만나고 온 양 단어마다 부사마다 힘주어 말할 때에는 어떤 간절함까지 느껴져서 꼭 그러겠노라고 나 역시 미래의 나에게 대답하듯 고개를 끄덕일 수밖에 없었다.

나에게서 온 편지의 일부를 옮겨 보면 이렇다.

> 제발, 제발 스스로를 낮추지 마. 너만 모르고 있어. 네가 얼마나 멋진 사람인지. 자꾸 네 단점만 보고 안 되는 일들만 생각하지 마. 그리고 다른 사람들이 널 더 존중하게끔 더 당당해져도 돼. 다른 사람들도 다 불완전한 존재고 변덕스러운 존재라는 걸 잊지 말고. 자신감을 가지고 네가 원하는 곳을 향해 적극적으로 나아갔으면 좋겠어. 걱정하지 말고 겁먹지 말고 널 한정하지 말고 그냥 너를 믿어. 네가 생각하고 있는 것보다 너는 훨씬 더 대단하니까.

🖋 2019년, 서른, 8월 7일, 레코드 일기

원고 작업을 위해 일기 아카이빙을 하고 있다. 좀 한숨만 나온다. 과거의 기록들이 과거답지 않고 지나치게 선명하여 뒤통수를 맞는 기분이다. 일기는 미래의 뒤통수를 때리려고 쓰는 건지도 모른다. 하지만 이렇게 될 줄 알았다면 정말로 그렇게 쓰지 않았을까? 아니, 오히려 아무것도 쓰지 못했겠지. 어쩌면 잔뜩 폼을 잡고 더 형편없는 글을 써 내려갔을 거다. 지금은 적어도 일기 쓰는 밤들이 얼마나 솔직했는지는 알 수 있잖아. 오늘의 작업이 꼭 무엇이 될지, 무엇이 되고 싶은지 몰랐던 시절에 진 빚을 갚아 나가는 일처럼 느껴진다.

⌂ 2019년, 서른, 8월 8일, 레코드 일기

내 마음이 가는 대로 하루를 그려 나간다고 해서 그 하루가 전부 내 마음에 쏙 드는 것은 아니지. 그래서 사는 게 어렵다고 하나 보다. 모든 것이 내 선택에 달려 있다는 것, 때로는 그게 제일 문제가 된다. 우습지만 나는 내가 내 인생을 책임질 자격이 되나 자주 의심한다. 나보다 믿을 만한 누구한테 맡겨 버리고 싶을 때도 있다. (물론 참견은 할 거다.)

다 쓸데없는 생각이다. 사랑을 해도, 하지 않아도, 직업이 있어도, 없어도 나한테는 오직 나밖에 없다. (절규…….)

⌂ 2019년, 서른, 9월 25일, 레코드 일기

엄마가 틀렸다. 어쨌든 떠나는 사람이 남겨진 사람보다 맘이 편할 수밖에 없다. 애인은 지금 '제자리'로 돌아가야 하는 사람이고 그냥 '제자리'에 남겨진 나는 몇 시간 전까지만 해도 그가 있던 자리에 홀로 있어야 한다. 그게 원래 내 삶이었다니, 얼마간은 좀 낯설 것이다.

이런 연애를 4년 넘게 하다 보니 언제부턴가 그를 배웅하고 혼자 돌아가는 길이 너무 힘이 든다. 그와 함께여서 피곤했던 날을 합친 시간보다 더 힘들다. 곧 혼자라는 편안함이 찾아오겠지만, 떠나는 사람의 홀가분만큼은 아닐 것이다.

그런데 엄마는 왜 내가 남겨지는 사람이어서 다행이라고 한 걸까. 더 사랑하는 법을 배우라는 뜻인 걸까? 하지만 그가 돌아오면 또 나는 생각하겠지. '여기서 어떻게 더?'

조금 울고 싶은데 오늘은 공항버스에 사람이 많다. 대부분 제자리로 돌아온 사람들이겠지만 나처럼 남겨진 사람도 있겠지.

🖳 **2019년, 서른, 10월 7일, 레코드 일기**

1911년 9월 29일, 카프카는 이렇게 썼다. "일기를 갖고 있지 않은 사람은 일기에 대해서 잘못된 입장에 있다."

일기 쓰고 앉아 있네, 혜은

나의 일기 선생, 버지니아 울프

가끔은 일기 쓰는 밤이 부질없게 느껴진다. 평범한 일상과 단출한 감상을 적어 두는 게 다 무슨 의미가 있을까 의심이 끼어드는 것이다. 그런 밤에는 일기 쓰기가 처리하기 곤란한 짐을 애써 늘리는 일 같다. 일기는 왜 무언가를 영구히 간직하도록 만들어진 걸까? 무엇을 얻고자 쓴 것은 아니지만 오직 일기, 그 이상도 이하도 아닌 기록들에 한 번씩 심술이 난다.

관성처럼 쓰는 일기에 내 무의식은 어떤 기대를 걸었을지도 모르겠다. 일기의 속사정은 빤히 다 알지만 적어도 일기를 쓰는, 어쨌든 매일같이 무언가를 쓰고 있는 자신에 대해서는 다른 속셈을 품었던 모양이다. 언젠가 예상하지 못한 성과를 만들어 내겠지 하는 은근한 기다림으로 말이다. 내게 일기가 글쓰기를 위한 수단이었던 적은 한 번도 없었고 이미 그 자체로 성취와 기쁨을 주고 있는데도 나는 뭐가 억울한 걸까?

이런 날엔 나처럼 거의 매일같이 일기를 쓰는 사람과 이야기를 나눠 보고 싶다. 그들에게 일기란 무엇인지 허심탄회하게 물어보고 싶다. 앞으로도 '일기인간'으로 살아가기 위해선 어떤 자세가 필요한지, 나는 그 해답을 오랜 작가들로부터 구해 보기로 했다. 겁도 없이.

포털 사이트의 검색 결과는 당장 오늘의 일기도 쓸 수 없을 만큼 나를 주눅 들게 만들었다. 의외의 수확은 버지니아 울프가 무려 27년 동안이나 일기를 썼다는 사실을 발견한 것이다. 스물여섯부터 시작해 숨을 거두기 3주 전까지 쓴 일기들은 그녀가 세상을 떠난 뒤 남편 레너드가 편집해 책으로 묶었다.《어느 작가의 일기》라는 제목으로 말이다. 이미 수많은 여성들의 페미니즘 선생으로 생생히 살아 있는 버지니아 울프를 나의 '일기 선생'으로 삼기로 했다.

책은 아쉽게도 절판된 상태라 도서관을 찾았다. 650쪽에 다다르는 분량에, 대출 기한을 다 채우고도 거듭 대출해 가며 읽어야 했다. 레너드는 서문을 통해 울프의 일기가 갖는 성격

일기 쓰고 앉아 있네, 혜은

부터 명확히 했다. 우선 30년간의 일기에서 생전 울프의 집필 활동과 관련된 거의 모든 부분을 책에 포함시켰다고 밝혔다. 여기에 글 쓰는 방법을 연습하거나 시도하고 있다고 생각되는 부분, 그리고 울프의 마음에 직간접적으로 충격을 준 풍경과 인물, 울프의 독서노트를 엿볼 수 있는 비평을 더했다고 덧붙였다. '일기창작'이라는 학문이 있다면 필수전공 서적으로 채택되어야 마땅한 소개였다.

솔직히 울프의 시시콜콜한 지인 관찰기와 장황한 서평은 대부분 패스하며 읽었는데, 무심코 페이지를 넘기는 와중에도 주변을 향한 그녀의 예민한 감각과 관찰력, 타인의 심연을 들여다보는 깊이는 연신 도드라졌다. 그건 내가 한 번도 가져 보지 못한 종류의 열정이었다. 울프는 동료의 작품은 거만하다고 할 수 있을 만큼 신랄하게 비평하면서 온갖 편지와 신문 들이 자신의 저서를 언급할 때에는 단어 하나하나에 민감하게 신음했다. 그 모습은 당시에 울프가 울프로서 살아남는 것이 얼마나 당연하지 않았는가를 짐작하게 만들었다. 말하자면 울프는 지나칠 정도로 작가적 자아를 의식하며 지냈는데, 그 날카로움이 적나라하게 드러나 있는 일기는 하나같이 따끔거렸다. 상처가 아물 틈도 주지 않고 자신을 몰아붙이는, 만족할 만한 소설이 완성되기까지 일기장에서 폭주하는 울프의 모습이 고스란히 그려졌다. 일기장에서조차 초조하고 조급한 심사를 감출 수가 없었는데, 그녀의 생활은 얼마나 필사적이어야 했을까.

1919년 4월 20일, 부활절 일요일
(……) 내 일기의 문체는 난폭하며 제멋대로인 데다 빈번히 비문법적이며, 그대로 두어서는 안 될 단어들이 눈에 띄어 읽기가 좀 괴롭다. 앞으로 이 일기를 읽을 사람이 누구든지 간에, 이것보다는 훨씬 더 잘 쓸 수 있다는 것을 말해 두고자 한다. 이 일기에 더 이상 시간을 소비하지 않겠다. 그리고 이 일기를 사람들에게 보여 주지 않을 것이다. 그렇지만 여기서 조금은 칭찬을 해도 좋을 것 같다. 이 일기에는 거친 구석과 박력이 있으며, 때로는 뜻하지 않게 어떤 문체의 급소를 찌를 때가 있다. 그러나 더욱 중요한 것은, 이처럼 나만을 위해 글을 쓰는 습관은 글쓰기의 좋은 훈련이 된다는 신념이 나에게 있다는 사실이다. 글쓰기는 근육을 이완시켜 준다. 잘못을 저지르거나 실수를 한다고 해도 신경 쓸 것은 없다. 이처럼 글을 빨리 쓰고 있으니 대상을 향해 직접적으로 순식간에 돌진하게 된다. 그러니 닥치는 대로 단어를 찾고 골라서, 펜에 잉크를 묻히느라 쉬는 시간 말고는 간단없이 그 단어들을 내던져야 한다. (……)

일기 쓰고 앉아 있네, 혜은

울프는 자신의 일기가 "짜임새는 좀 느슨하지만 지저분하지는 않고, 머릿속에 떠올라 오는 어떤 장엄한 것이나 사소한 것이나 아름다운 것이라도 다 감쌀 만큼 탄력성이 있는 어떤 것"이기를 바랐다. 울프의 시선에서 본다면 '우연한 예술성'으로 일기도 작품이 될 만한 것이었다. 하지만 쓰는 순간의 검열 없이 어느 정도 정돈되고 세련된 글을 쓰기 위해서는 고도의 훈련이 뒷받침되어야 한다. 일기야말로 퇴고가 끼어들 수 없는, 초고가 그대로 작품이 되는 가장 고난이도의 글쓰기일지도 모르겠다. 지난 13년간의 내 일기는 아무래도 '침착하고 조용한 화합물'이 되기엔 글렀기에 다음 10년을 바라보며 울프의 부활절 일기 마지막 줄을 필사했다. "산만함은 곧 지저분함이 된다. 펜이 길잡이 없이 멋대로 제 갈 길을 가게 해서는 안 된다."

또 어떤 일기 앞에서는 그치그치, 라며 맞장구를 치며 밤새도록 수다를 떨고 싶은 심정이 되었다. 울프가 일기를 남기지 않았다면 줄곧 경외의 대상으로만 바라봤겠지. 일기 속 그가 이토록 친근한 줄 모르고.

1920년 10월 25일 월요일, 겨울의 첫날
왜 인생은 이처럼 비극적인 것일까? 심연 위에 걸쳐 놓은 한

가닥 다리와 같다. 아래를 보면 현기증이 난다. 끝까지 걸어
갈 수 있을지 모르겠다. 왜 이런 느낌이 드는 걸까? 그렇게
말하고 나니까 그런 느낌이 사라졌다. (……) 글을 쓰고 있
으면 우울증이 좀 가신다. 그렇다면 왜 좀 더 글을 자주 쓰
지 않는가? 아마도 허영심 때문일 것이다. 자기 자신에게조
차 성공한 사람으로 보이고 싶은 것이다. 친구들과 멀리 떨
어져 살고 있다는 것, 글을 잘 쓸 수 없다는 것, 먹는 데에 대
해 너무 많이 생각한다. 자신에 대해 너무 많이 생각한다. 하
는 일 없이 시간이 내 주위를 펄럭이고 지나가는 것이 싫다.
그렇다면 일을 하면 되지. 그렇다, 그러나 너무 쉽게 피곤해
진다. 읽는 것도 조금밖에 할 수 없고, 쓰는 것도 한 시간이
고작이다. (……) 지금 여기 쓰고 있는 것이 마음에 들지 않
는다. 그렇기는 해도 나는 참 행복한 사람이다. 다만 그 심연
위에 걸쳐 놓은 한 가닥 다리에 대한 느낌만 아니라면.

이 일기를 읽는데 피식 웃음이 나왔다. 내내 불편했던 마
음 한구석이 조금 풀어지는 느낌이었달까. 자신의 내밀함을
마구잡이로 모아 둔 일기도 누구에게 발견되느냐에 따라 위
로가 될 수 있겠다는 생각에 내심 안도했다. 일기뿐만 아니라
어떤 글이라도 마침표를 찍은 순간부터는 고유한 생명력을
지니는 것 같다. 그 힘에 타자를 상처 입히는 공격성이 숨어

있을지, 작은 즐거움이나 소소한 위로의 기운이 스며 있을지 누가 알 수 있을까. 조심스러운 마음이 들었다.

울프는 비참하고 우울한 심정에 잠겨 있을 때만 일기를 쓴다고 했다. 그런데도 600쪽이 넘는 일기가 모였다니. 이와 정반대의 기분으로 보낸 하루는 왜 흩어지도록 두었을까. 혹시 모처럼 마음에 빛이 드는 날엔 글쓰기로부터 자신을 잠시 해방시켰던 게 아닐까? 단 한 줄의 쓰기도 허락하지 않는, 울프만의 일탈로서 말이다. (아아, 울프가 꼭 그런 거였으면 좋겠다.)

나는 많은 날들에 순진하게 감탄하고 순수하게 기뻐하며 일기를 썼다. 근심은 자주 반복되는 편이고 우울도 호시탐탐 기회를 엿보지만, 어쨌거나 밤이 찾아오면 불면을 모르고 잠에 든다. 울프의 일기를 읽으며 내가 대책 없이 긍정적이고 의외로 건강한 사람이라는 걸 깨달았다. 별 볼일 없는 하루가 실은 얼마나 촘촘하게 구성돼 있는지, 그러한 매일이 무너지지 않도록 내가 어떻게 애쓰고 있는지도 조금씩 눈에 보이기 시작했다. 일기와 나 사이의 관계는 내가 이 삶을 지탱하려는 노력, 꼭 그만큼만 견고하겠지. 지금 우리의 연결고리는 꽤나 팽팽하다.

1919년의 울프처럼 "일기라는 것이 도달할지도 모를 희미한 형태의 그림자"를 생각해 본다. 눈이 빠지도록 일기를 읽었건만 해답은 의외의 곳에서 발견됐다. 10월의 어느 가을, 케임브리지 강연에서 울프는 이렇게 말했다.

"서두를 필요가 없습니다. 재치를 번뜩일 필요도 없지요. 자기 자신이 아닌 다른 사람이 되려고 할 필요도 없고요."✱

📄 2020년, 서른하나, 3월 12일

솔 출판사에서 펴낸 《카프카의 일기》. 800쪽이 넘는 일기를 (원주만 해도 100쪽에 달한다) 반 정도 읽었다. 인간 카프카에 대한 내 감상은 카프카 정말 너무 귀여우시다는 것. 그리고 그는 정말로 회사(공장)를 싫어했다. 울프 일기에 드러난 작가적 우울도 읽기 힘들었지만 그건 차라리 경외에 가까웠다면, 카프카의 일기를 읽으면서는 그의 아버지로부터, 공장으로부터 카프카를 구제해 주고 싶다는 생각뿐이었다. 가령 이런 일기들. 여느 날의 장황한 일기와 달리 짧고 명료하여 더 마음이 저릿하다.

> 1912년 3월 8일
> 그저께 공장 때문에 욕을 먹었다. 그다음 한 시간 동안 소파에 누워서 창문 밖으로 뛰어내리는 것에 대해 생각.

삶을 참아 내는 대가로 모든 비난을 자신에게 퍼부을 수밖에 없

✱ 버지니아 울프, 《자기만의 방》, 민음사, 2019, 28쪽

는 연약한 운명 같은 것도. "내가 자러 가려고 단지 서둘러 이렇게 몇 줄만 썼다는 사실"은 잠깐 웃으며 공감할 수 있지만, 그의 절망까지 상상할 순 없다. 재밌는 일이다. 1910년에 카프카는 괴테의 일기를 읽었고, 2020년에 나는 괴테의 일기를 읽었다고 쓴 카프카의 일기를 읽고 있다. 오늘의 내가 아래와 같은 하루를 반복하지 않길 바라면서 말이다.

> 1910년 12월 20일
> 오늘 내가 아직 아무것도 쓰지 않았다는 사실을 무엇으로 사과하지?

이 "아무것도"에는 늘 그렇듯 일기는 포함되지 않는다. 나도 마찬가지다. 썼지만 쓴 것으로 인정할 수는 없는 것. 그럼에도 울프나 카프카로 하여금 포기하지 않고 쓸 것이라 매번 다짐하게 만들었던 것. 일기.

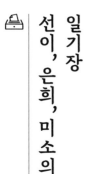

일기장

선이, 은희, 미소의

내가 써 온 소설 못지않게 지루한 날들이 반복되는 날이었다. 여름 끝 무렵이었고, 모 매체의 마감을 도우러 구로디지털단지로 향하고 있었다. 홍대역에서 2호선으로 갈아타면서 언제까지 프리랜서로 먹고살 수 있을까를 고민했던 것 같다. 웃기게도 그런 걱정은 꼭 일을 하러 갈 때 하게 된다. 안심해도 되는 지금에 애써 초를 치는 건 내 고약한 특기 중 하나다. 더 근심할 게 없나 찾고 있는 와중에 휴대폰에서 새 메일 알람이 울렸다.

제목: 〔제안 메일〕 안녕하세요, 해은 님. 언제나 가까운 여성 영화 '퍼플레이'가 제안드립니다.

(……) 다름이 아니오라, 저희가 이번에 온라인 매거진을 론칭하게 돼 해은 님을 필진으로 모시고 싶어 이렇게 연락드립니다. (……)

제안 메일이라니! 나에게 제안이 오다니! 헤드헌터들이 보내오는 번지수 틀린 잡 오퍼가 아니라 내 글에 대한 제안이라니! 빠르게 한 번, 그리고 천천히 여러 번, 메일을 복기하는 동안 어그러져 있던 플롯이 움찔거리는 것 같았다. 소설까지는 모르겠고, 적어도 내 인생으로 가느다란 줄기 하나가 뻗어진 것만은 확실했다.

발신자가 여성영화 플랫폼인 것도, 매거진의 시작을 함께할 수 있다는 것도 마음에 들었지만 무엇보다도 참여를 제안한 코너 설명에 대책 없이 설레고 말았다. 이름부터 꼭 마음에 드는 〈그들의 일기장〉. 스스로 영화 속 인물이 되어 상상력을 발휘해 그들의 뒷이야기를 그려 보는 콘셉트였다. 머릿속이 빠르게 움직였다. 나로서는 창조할 리 만무한 캐릭터에, 그에 걸맞은 배경까지 이미 갖춰져 있다. 여태 일기 같은 소설 앞에서 머리를 싸맸는데, 이제 소설을 쓰듯 일기를 써

볼 수 있게 된 것이다. 간단한 필기구를 챙기고 깜깜한 스크린 한구석으로 걸어 들어가는 것은 대충 짐작해 봐도 무척 짜릿한 일이어서, 나는 제 깜냥도 잊고 오직 고마운 마음만으로 제안을 덥석 받아들였다. 이윽고 선이*가, 은희**가, 그리고 미소***가 하나둘씩 내 삶에 끼어들기 시작했다.

이 특별한 일기를 쓰기 전에 일기장의 모양을 먼저 상상해 본다. 여느 때와 다름없이 내 방 책상 앞에 앉아 있지만 허구의 세계에 들어와 있는 기분이다. 오늘은 어떤 판형의 일기장이 좋을까? 한 손에 들어오는 콤팩트한 사이즈? 스프링이 달린 두껍고 실용적인 공책? 고급스러운 양장 다이어리를 펼쳐 볼까? 유선인지 무선인지도 물론 고려해야 한다. 양장이라면 그림책처럼 가로가 조금 더 긴 것이 어떨까? 아예 그림일기를 쓰는 주인공을 상상해 볼까? 표지에는 어떤 톤의 컬러를 입히지? 핸드메이드 제품처럼 펠트자수 장식을 더해 볼까? 절친과 교환일기를 쓰듯 자물쇠가 달린 일기장을 불러와 볼까…….

그들의 일기장을 상상하는 일은 〈그들의 일기장〉 꼭지를

* 　윤가은 감독, 〈우리들〉(2015)
** 　김보라 감독, 〈벌새〉(2018)
*** 전고운 감독, 〈소공녀〉(2017)

쓰기 전에 치르는 즐거운 의식이다. 허구의 책장에서 이제 막 만들어진 일기장 하나가 태어난다. 고등학생이 된 선이의 일기는 옥색 커튼이 나부끼는 여름날, 더운 교실에서부터 시작한다. 선이에겐 똑딱이 버튼이 달린 개나리색 일기장을 만들어 줬다. 친구들이 자신들 휴대폰에도 붙이고 선이의 일기장에도 붙여 놓은 귀여운 스티커들이 떼지지 않게 습관적으로 꾹꾹 누르는 선이를 떠올리면 미지근한 바람이 불어오는 것 같다.

한편 스무 살이 된 은희에겐 포켓 사이즈의 무선 다이어리가 좋을 것이다. 언젠가의 다짐처럼 영지 선생님을 모델로 삼은 캐릭터를 언제든 연습할 수 있도록 말이다. 문구점 안에서 샘플 다이어리를 하나씩 펼치며 커버의 유연성을 확인하다가 정작 색깔 선택에 가장 오랜 시간이 걸렸을 은희를 그려 본다. 색깔은 아이보리로 당첨. 일기와 그림이 경계 없이 섞여 있는 은희의 다이어리 한 페이지에다 마침내 나는 1999년 은희네 가족의 저녁 식탁을 그려 넣기 시작한다.

미소에게는 치앙마이에서 날아온, 세상에서 하나뿐인 수첩을 쥐여 줄 것이다. 푸릇한 나뭇잎 압화로 커버가 꾸며져 있고, 사탕수수와 같은 비목재지로 수제 바인딩한, 거칠지만 따뜻한 수첩을 말이다. 치앙마이의 플리마켓에 서서 공예품을 고르는 미소는 좀처럼 상상이 가지 않으니, 선물받은 수첩을 빙긋 웃으며 만지작거리는 미소로 대신하기로 한다. 그래도 평행우주와 같은 세계에서는 더운 나라에서 겨울을 보내기도 하는 미소가 있기를 희망한다. 낡은 코트와 보풀이 인머플러 대신 나풀거리는 민소매와 통이 넓은 반바지를 입고선 아무데나 풀썩풀썩 주저앉는 미소, 매일 아침마다 작은 라탄 가방에 아무렇게나 바트를 쑤셔 넣고 담배 한 갑과 펜, 수첩을 챙겨 어슬렁거리며 돌아다닐 미소를 말이다.

10년 단위로 일기장을 주문하는 나로서는 아마 앞으로도 내 미적 취향 따위는 고려하지 않은 채 십년일기장만 거듭 선택하고 말 것이다. 비밀을 간직하기엔 무식하게 커서 은밀한 맛이 없고, 설레는 하루를 풀어내기엔 턱없이 좁아 쓸 맛이 안 나는 일기장. 그래서 영화 속 인물들의 일기장을 상상하는 순간은 꼭 아이쇼핑하는 것마냥 대리 만족감을 준다. 그들이 생에 갑작스레 등장한 낯선 일기장을 오랫동안 사랑해 주었으면 좋겠다. 가끔은 찢어 버리고 싶은 하루의 충동마저 견디고 써 내려가는 용기를 가졌으면 좋겠다. 함부로 하루를 포기하지는 않기를 바란다.

두 시간 남짓으로 압축된 그들 생의 단편을 엿보다 보니 내 삶도 다른 방식으로 바라보게 되었다. 〈벌새〉 덕분에 내 안에 숨겨져 있던 은희와 조우하고, 내 곁의 수희, 지숙을 생각하는 시간을 벌었다. 영화가 아니었더라면 한참을 더 늦게 알아챘을 아픈 얼굴들이었다. 영지를 꿈꾸면서도 자꾸만 숙자에게 마음이 걸려 넘어지는 나를 발견하기도 했다. 〈벌새〉는 무엇이든, 내가 알 수 있는 만큼은 다 알게 될 때까지 사랑해야 할 세계가 아주 많음을 확인시켜 준 영화였다.

때문에 〈그들의 일기장〉이라는 이름으로 4페이지 남짓한 지면을 빌리는 것은 그들을 향한 나의 작은 보답이기도 하다. 꼭 내가 얻은 몇몇 날들처럼, 이왕이면 근사한 새 하루들을 선물해야지. 스크린 너머 어디선가는 계속 이어질 그들의 삶을 내 방식대로 응원할 수 있어 기쁘다.

일기를 쓰면서 내 인생을 안아 주는 법을 배웠듯이 소리 없이 일기를 써 내려가는 그들의 뒤통수가 하나같이 미더워 보인다. 각자가 마주해야 하는 세상이 다르기에 저마다의 앞모습을 상상하는 데에는 시간이 걸리지만, 하루의 끄트머리에서 세계를 등지고 앉아 있는 뒷모습만은 쉽게 떠올릴 수 있다. 영영 바라볼 수 없는 내 등인 양 반갑고 익숙하다. 일기 쓰는 밤이 조금 더 길어졌다.

🏠 선이의 일기, 2022년 7월

"너네 고2 여름방학이 제일 중요한 거 알지?"

담임의 마지막 인사에서 묘한 기시감이 느껴졌다. 어수선한 6학년 교실에서도, 세상을 다 아는 것처럼 굴었던 중학교 2학년 때에도 주어만 바뀌었을 뿐, 같은 이야기를 들었었지. 그게 뭐라고 선생들은 하나같이 짠 것처럼 매년 여름방학의 막중함(정확히는 여름방학을 보내야 하는 우리들의 막중함)에 대해 강조하는 걸까. 설마 대학교수들도 기말고사가 끝나면 "여러분, 여름방학을 잘 보내야 합니다" 이러진 않겠지? 그런 게 대학이라면 가고 싶지 않다. 어차피 6월 모의고사 성적대로라면 인서울은 어림도 없지만.

창밖에는 운동장을 가로지르는 애들이 하나둘씩 늘어났다. 앞서가는 애의 가방을 향해 슬리퍼를 던지거나 목청을 높이는 모습도 3층에서 내려다보니 아무렇지 않아 보였다. 그냥 조금 한심하고, 조금 우스운 정도로 지나가는 풍경들. 멀리서는 대상을 바라보는 내 마음도 실제보다 축소된다. 괜히 한번 폼을 잡고 관대한 척을 하게 된다. (……)

🏠 은희의 일기, 1999년 12월

웬 옛날 프랑스 점성가 하나 때문에 다들 약간은 될 대로 되라는 식의 분위기가 만연하다. 사람들은 자신에게 유리한 상황을 만들어 주고 싶을 때 종말을 기정사실화했다. 어차피 죽을 건데 먹어도 돼, 사도 돼. 어차피 죽을 건데 오늘 집에 안 들어가도 돼. 어차피 죽을 건데 너한테 고백이나 해 보려고. 어차피 죽을 건데, 죽을 건데, 어차피⋯⋯.

어차피 태어난 건 다 죽게 돼 있다. 누구라도 그게 당장 31일은 아니었음 싶은 거겠지. 하지만 언제라고 죽는 게 아무렇지도 않게 될까. 그런 날은 어느 시대의 인류에게도 찾아오지 않을 것이다. 그런데도 연말에 가까워질수록 더 자주 들려오는 "어차피 죽을 건데"라는 말이 듣기 거북해서 더더욱 종말론에 반감이 들었는지 모른다. 그러면 사람들은 나보고 재미없다고 하는데, 맞다. 나는 정말로 그 말이 재미없다. 하나도 안 웃기다고. (⋯⋯)

⌂ 미소의 일기, 2016년 10월

집주인 아저씨 댁에 갔다 왔다. 아저씨는 나보다 멋쩍은 웃음을 지으며 말없이 고개를 저었다. 나는 화답하듯 짧게 웃고 고개를 끄덕였다. 계단을 내려온 뒤에도 고개가 멈추지 않았다. 천천히, 뭔가를 끊임없이 곱씹는 사람처럼, 뭔가를 인정하고야 말겠다는 듯이, 아니 절대로 인정하지 않겠다는 듯이 고개를 끄덕이며 걸었다.

아저씨는 단 한 번도, 이제 그만 오지 그러니, 따위의 말을 한 적이 없었다. 답답하고 짜증나서라도 한번쯤은 그럴 법한데, 내가 노크를 하면 문을 열고 한솔에게서 온 편지나 엽서를 생색 않고 전해 주었다. 없으면 없는 대로 그의 안부를 짐작하면서 나를 안심시켰다. 과연 집주인다운 면모였다. 다 옛날일이긴 해도. 내겐 이제 새 집주인이 생겼지만 지난 5년 동안 한 번도 월세를 올리지 않았던 아저씨만은 못한 것 같다. 하여간 다 옛날일이다. 아저씨가 지금 세입자에겐 1년에 한 번씩 월세를 올리려 드는지도 모르지. (……)

바야흐로 일기 시대를 꿈꾸며

공개적으로 일기를 쓰는 사람들이 있다. 내가 아는 이들로만 꼽아 보자면 공교롭게도 두 사람 모두 시인이다. 나는 전체 공개된 유희경 시인의 블로그와 문보영 시인의 구독 서비스를 통해 그들의 일기를 당당히 들여다본다. 그들의 일기가 어디까지 솔직한지, 혹은 솔직하지 않은지 나로서는 알 수 없지만 아무튼 어딘가 문학적인 구석이 있어서 그만 내 일기가 부끄러워진다. (하지만 일기란 모름지기 부끄러운 법이지!) 공개된 일기는 다 그런 모양일까. 나는 일기를 나누는 마음을 모르는 채로 이 책을 쓰고 있다.

문득 타인을 대신해 하루를 살고 일기를 쓰고 싶어진다. 매일같이 내 일기를 쓰는 건 사실 재미없고 지루하니까. 인생이 지금까지와는 전혀 다르게 흘러간다 해도 나는 결코 내가 흥미롭지 않을 것을 아니까. 나는 왜 이토록 나여서 나를 너무 잘 알아 버릴 수밖에 없는지 억울하다. 가끔은 나도 나를 궁금해할 수 있으면 좋을 텐데.

　그러니까 나를 좀 모르고 싶어질 때, 다른 사람의 일기장을 상상한다. 문보영 시인의 하루를 살고 그녀의 일기장 한 장을 빌리거나, 유희경 시인의 하루를 살고 책방일지를 써 보고 싶은 것이다. 시는 잠깐만 쓰고 춤을 추다 일찍 뻗어 버리는 하루, 영업사원 마인드로 고객을 응대해 역대 최다 판매를 기록해 내는 하루. 내 인생에서 절대로 일어날 리 없는 하루에 욕심이 난다.

　이런 얼토당토않은 생각은 쉽게 확장되기 마련이라 어느새 일기를 쓰고 싶지만 몹시 귀찮아하는 어떤 이를 대신하여 일기 써 주는 모습으로까지 이어진다. '당신은 하루를 사세요. 나는 일기를 쓸 테니.' 내가 직접 인터뷰를 하지 않고도 모 월간지에서 기사 대필 아르바이트를 하는 것처럼, 그들의 하루에 얼쩡대다가 그만하면 다 알겠다는 듯 일기를 써 주는 것이다. '오늘 하루도 고생 많았어요. 자 여기, 이것이 바로 당신입니다.' 그러면 그들은 화들짝 놀라 무슨 개소리냐며 비로소 자신만의 일기를 쓰겠지. 일기시대는 그렇게 도래하게 될 것이다.

다시는 일기 따위 쓰게 않겠다고 다짐한 사람을 기억한다. 우연히 발견한 과거의 기록들 속에 자신은 언제나 지질하고 못난 모습이었다는 게 그의 이유였다. 나는 어떻게 그 모습들을 견디면서 지내 왔던 거지? 내가 좀 독한 구석이 있나? 체력은 나쁜 편인데 나라는 인간을 견뎌 내는 면역체계만은 탄탄한가 보다. 그런데 정말, 매일 자신을 들여다보며 일기를 쓰는 사람이 어떻게 자신을 비난하지 않고 사랑할 수 있을까? 어디선가 일기를 쓰고 있을 누군가에게 묻고 싶다. 당신은 얼마만큼의 사랑과 얼마만큼의 미움으로 매일 밤 스스로를 바라보고 있느냐고.

문보영 시인의 산문집《사랑을 미워하는 가장 다정한 방식》을 읽으면서 책 여백에다 "일기는 시간을 건너게 한다"라는 문장을 따라 적는다는 게 그만 "시간을 건네게 한다"라고 잘못 써 버렸다. 이것 또한 그럴듯해 보였다. 과연 그동안의 일기 쓰기란 미래의 나에게 지금의 시간을 건네는 일이었던 것 같다. 지금 우리가 읽는 책은 모두 미래의 책이라는 김연수 작가의 말처럼, 매일의 일기도 하나같이 미래의 일기가 될 것이라면 나는 틀림없이 일기 부자가 돼 있겠지. 그날이 오면

중고서점에 되팔 수도 없는 일기를 몽땅 끌어안고 무해한 일기와 유해한 일기를 셈해 가며 일기 쓰기의 수지타산을 맞춰 보리라.

　　미래의 수고로움을 덜어 주기 위해 계산하지 않아도 되는 하루를 살아 보았다. 꼭 한번은 오늘의 주어를 내가 아닌 다른 이로 써 보고 싶었는데, 친구이자 동료인 L을 그 주인공으로 모셨다. 내가 매일같이 나를 무대에 세우는 게 지겨웠다면, L은 책방을 운영하면서, 영화 에세이를 쓰면서 너무 많은 인물과 이야기하는 데에 어느 정도 질려 있었다. 많은 사람들이 L의 인생에 수시로 드나들었다. 딱히 L이 허락하고 자시고 할 것도 없이 그들의 방문은 자연스러웠다. 그래서 내가 대뜸 당신의 하루를 함께 살아 보고 일기를 쓰겠다고 했을 때, L은 별다른 고민도 없이 무작정 좋다는 말끝에 장난스레 덧붙였다. "누가 나 좀 써 줬으면 좋겠어. 내가 사람들 쓰기 지침." 정세랑 작가의 《피프티 피플》을 읽고선 자신은 다른 사람의 페이지에 어떻게 쓰일지, 어떤 등장인물로 존재할지 궁금해하던 L이었다.

　　L은 한참 뒤 또 이렇게 말했다. "내 인생, 주인공인 적이 별로 없었는데, 그날은 내가 주인공이네요."

이 미 화

문학살롱 초고로 출근하는 월요일. 검은콩 두유를 챙겨 집을 나섰다. 식욕이 없는 편이라 끼니를 제때 안 챙기는 내가 염려돼 애인이 박스째 사다 놓은 것을 하나씩 꺼내 먹고 있다. 이걸로 저녁까지는 거뜬히 버틸 수 있다. 오늘은 한 팩을 더 챙겨 나왔는데, H가 종일 나를 관찰하고선 제 책의 한 꼭지로 쓰겠다고 했기 때문이다. H는 곧 중곡역에 도착할 것이다. 마치 로드매니저처럼 집 앞에서 기다리겠다고 호언장담하더니, 지하철 파업을 핑계로 늦는단다. H의 메시지를 확인하며 가볍게 웃었다. 역에서 우리 집까지 빨리 오는 지름길을 알려 주려고 했는데. 언제 H가 또 이 출근길을 마중 나올까 싶어 못내 아쉬웠다.

개찰구를 통과하기 전, H는 단호박 크러스트가 첨가된 에너지바를 건넸다. 채식을 지향하는 나를 고려한 간식 같지만, 사실 내가 과자류를 영 즐기지 않는다는 사실을 간과한 선택이다. 단호박이든 자신이 좋아하는 고구마였든 간에 나는 초고에서 퇴근할 때까지 뭔가를 씹을 생각이 없으므로.

다음 정류장이 벌써 합정역이다. 나란히 빈 좌석이 없어 따로 앉았는데도 함께여서 그런지 평소보다 빨리 도착한 기분이었다. 그새 잠든 H가 귀엽고 우스웠다. 오히려 내가 H를 관찰하고 있는 것만 같다. 가뜩이나 단조로운 내 하루에 기록할 거리가 있을까 고민이라, 출근길에 읽는 책과 요즘 즐겨 듣는 음악의 제목을 카톡으로 보내 주고도 뭔가 석연찮았는데 정작 H는 태평해 보인다. 자리로 다가가 H의 어깨를 치자 커다란 눈 가득 졸음이 고여 있다. 왜 따라와서는 고생이니. 나도 평소답지 않게 오만 가지를 의식하느라 내내 시달리지는 않을까 벌써 걱정이 됐다. 주인공은 아무나 하는 게 아니군. 신마다 진땀을 흘리는 초짜로 그려지고 싶진 않은데. 소란한 출근길에 설렘과 걱정이 사이좋게 번졌다.

합정에 위치한 초고는 내 두 번째 직장이다. 장안동에서 영화책방을 오픈한 지도 벌써 1년. 인생은 가끔 대충 감당해도 되지만 월세는 단 한 달도 그럴 수가 없어서 줄곧 아르바이트를 병행했다. 덕분에 책방을 운영하는 동시에 책방에서 아르바이트를 하는 (아마도) 최초의 서점인이 되었다. 출근 시간은 12시 30분, 오픈은 1시인데 H가 지하철 파업을 핑계 삼은 게 무색하게 일찍 도착했다.

초고에서의 많은 일들은 내 책방만큼이나 익숙하다. 우선 제일 기다란 소파에 누워 20분 정도 멍을 때린다. BTS를 스타로 키우는 매니저 게임을 하며 할미팬으로서 최소한의 본분을 다한다. 클럽 H.O.T로 다져 놓은 덕력을 뷔가 봉인해제한 지 오래다.

마감의 흔적이 남아 있는 싱크대와 바를 정리하고 청소기를 돌리는 동안 H는 안절부절못하다가 바 의자 아래에서 라이터 하나를 발견했다. 뭔가 거들었다는 기쁜 표정. 오늘 하루 나의 그림자가 되기에 H는 너무 커다랗다. 청소기를 넣어 두러 창고로 향하자 H가 빼꼼 얼굴을 내민다. "뭐해요? 입간판 내다놓는 줄 알았네." 화장실 손수건을 교체하러 가는 길에도 "뭐해요? 걸레 들고 유리창 닦으러 가는 줄 알았네" 한다. 마침내 오픈 5분 전, H가 급하게 세워 놓은 입간판을 내가 다시 고쳐 세웠다.

요즘은 라테에 거품 올리는 연습을 하고 있다. 기포가 없는 쫀쫀한 거품을 내는 게 쉽지가 않다. 우유를 잘 못 마셔서 평소에도 라테를 즐기지 않는 터라 연습은 난항을 겪고 있다. 1리터짜리 우유 한 통을 몽땅 써 버린 적도 있다. 다행히 H에게 만들어 준 라테는 최근의 작품 중에선 괜찮았다. 두유로 내 몫의 라테를 만들었다가 충격적으로 맛이 없어 그대로 개수대에 부은 것은 조금 부끄러웠다. 그사이 H는 아이패드와 블루투스 키보드를 꺼내곤 뭔가를 쓰기 시작했다. 본격적으로 관찰일지를 쓰는가 싶어 조금 긴장이 되었다. 갑자기 출간을 앞둔 책 작업을 20프로밖에 하지 않았다는 사실이 떠올랐다. 진짜 긴장해야 할 곳은 따로 있었다. 배짱 좋게 마감을 두 달이나 미뤘는데 내일은 담당 편집자님과 미팅까지 예정돼 있다. 수천 명의 독자를 실망시킬지도 모를 미래보다 당장 한 명의 편집자를 실망시킬까 봐 문득 두렵다.

바 안쪽에 자리를 잡고 노트북 전원을 연결했다. 작은 벽돌로 세워진 키 낮은 가림 벽 너머 H가 마주 앉아 있다. 초고에 오는 모두와는 딱 이만큼의 거리를 유지할 수 있어서 돈을 받고 일하는 곳인데도 비교적 마음이 편안하다. 감정을 소모하고 있다는 생각이 덜 들기 때문이다. 영화책방에는 나와 나누는 내밀한 대화나 본인이 생각하는 나의 어떤 모습을 바라고 오는 손님들이 많다. 초고에서의 난 그 같은 역할에 충실하지 않아도 되는 스태프라는 점이 무엇보다 마음에 든다. 적극적인 응대보다는 얼마간 응시할 수 있는 상태. 언제든 그 시선을 편히 거두고 오롯이 나에게로 집중해도 괜찮은 시간이 초고에선 가능하니까.

손님이 모여드는 시간까지는 아직 여유가 있어서 H의 키보드 두드리는 소리가 또렷하게 들렸다. H는 집이 가장 좋은 작업실이라고 말했다. 공감하는 바다. 정확히 말하자면 난 장소를 타지는 않는데, 집에서 글을 쓸 때 가장 집중이 잘되는 것만은 맞았다. 작업을 위해 찾는 단골 카페가 있는 직가들을 보면 신기하다. 남몰래 비밀 아지트를 만드는 게 근사해 보이기도 하면서 난 그 편이 아니라 다행이지 싶다. 원고를 쓸 때마다 커피를 사 마셔야 한다면 유쾌하지 않은 지출이 발생하겠지. 그래도 가끔 카페에서 작업하는 기분을 느끼고 싶을 때는 외주 일거리만 빠르게 처리하고 돌아온다. '이건 얼마짜리 일. 그러니까 소이라테 한 잔 정도는 오케이.' 이런 식이다. H도 맞장구를 쳤다. 비슷한 생각을 가진 동료가 있어 반가웠다. H의 작업실은 어떤 모습일까? 생활의 흔적이 묻어 있는 책상에는 아무래도 H가 좋아하는 일기라는 장르가 꼭 어울릴 것 같다.

오늘따라 시간이 빨리 간다. 분명 5분 전에 2시였던 것 같은데 10분 후면 3시. H가 틈틈이 시간을 일러 주는 덕에 하루의 속도를 체감한다. "언니! 벌써 3시예요!" 신기해하면서도 허탈한 듯한 목소리다. 시간이 망연히 흘러가는 게 때때로 무섭다. 필사적으로 사는 데에 너무 익숙해져 버렸다.

오후 4시. 독립영화 상영 프로젝트를 제안한 단체의 대표와 긴 미팅을 마치고 나니 순식간에 퇴근시간에 가까워져 있었다. 곧 두 번째 출근을 해야 할 차례. 퇴근길 지옥철 생각에 잠시 아찔해졌다. 본진으로 돌아가는 길이 이렇게 고단해서야. H는 슬슬 배가 고픈 눈치다. 먹성 좋은 그녀와 있으니 나도 절로 밥 생각이 났다.

　동네슈퍼에서 즉석밥 세 개와 맥주 두 캔을 사 와서 책방을 오픈하자마자 저녁 식탁부터 차려 냈다. 요리하는 약국 언니 P가 며칠 전 손수 채식 반찬을 해다 줬다. 냉장고에서 볶음김치와 감자볶음, 그리고 P의 전매특허 쌈장을 하나씩 꺼내 오면서 새삼 감격했다. 카페 메뉴를 위한 재료들이 들어찬 냉장고에 나를 살찌우는 것이라곤 P가 남긴 살뜰한 반찬통뿐이었다. P의 정성을 H와 나눠 먹으면서 내가 참 귀한 것을 누리고 있구나 확인하는 저녁이었다. 이미 알고 있는데도 더 잘 알고 싶은 기특한 저녁이었다.

　때마침 퇴근한 P가 책방 문을 밀고 들어왔다. 별것 아니라는 듯 완성되는 아름다운 풍경. 이건 오직 나의 책방이어서 가능한 장면이지, 그렇지. 거듭 확인하는 마음으로 경쾌하게 맥주캔을 부딪쳤다.

　까만 하늘 한 켠으로 보랏빛 롯데타워가 선명하게 보였다. H는 언젠가 내가 자랑했던 출퇴근길의 장평교를 걸으면서 연신 감탄했다. 사방으로 탁 트인 시야와 멀리서 울렁이는 야경은 사람을 어쩔 수 없이 감상적으로 만드는 힘이 있어서 이 젊은 날에 고무되는 기분이었다. 슬쩍 옆을 보니 H의 얼굴

에는 이미 한 사람의 출근길부터 퇴근길까지를 나란히 걸어
본 이의 뿌듯함이랄까, 묘한 성취감이 어려 있었다. 나는 내
인생에 이제 웬만큼 내성이 생겼는데 H에겐 전혀 새로운 하
루였던 모양이지. 자신이 알고 있던 것과 다른 모습의 미화를
알게 됐다고 생각했을지도 모른다.

어제와 같은 오늘일 뿐이라고 심드렁했던 내 마음도 하루
를 곱씹으며 잠깐 출렁거렸다. 삶 자체가 수고스럽다는 사실
은 변함없지만, 오늘로 말미암아 내일을 기대할 이유 같은 것
도 없지만, 그렇지만.

H를 배웅하고 난 뒤에도 그의 시선이 얼마 남지 않은 하
루에 살뜰히 남아 있는 것 같았다.

5장

우리가
서로의
일기를
읽을
수
있다면

첫 번째 십년일기장을 덮으며

초가을, 서울숲에서였다. P 언니와 나는 돗자리를 펴고 앉아 숲으로 스며드는 볕에 가만히 얼굴을 맡기고 있었다. 여름을 건너뛰고 오랜만에 만났으니 서로 전할 근황이 많았다. 흥분해서 한바탕 쏟아 내고 나니 어딘가 허전한 기분이 들었다. 길게만 느껴졌던 여름도 언니는 이사로, 나는 여행으로 쉽게 압축되었다. 낮은 아직 한참이었고, 도토리만 맥없이 떨어지며 나른한 침묵을 깨뜨렸다. 도토리가 한 번 더 머리를 때리기 전에 언니가 물었다.

"처음 십년일기장을 다 썼을 때, 기분이 어땠어요?"

나는 좀 싱거운 대답을 건넸다. 10년을 거의 매일같이, 다름 아닌 자신에 대해 줄창 써대는 일이 그리 유쾌하지도 딱히 자랑할 것도 아니라는 생각이 들었다.

"그냥, 평소 같았어요. 오늘도 일기 쓰고 자야지, 하는 마음이었어요. '와! 드디어 2016년 12월 31일이 왔네!' 이런 감탄도 없었고요. 어쨌든 일기를 쓸 때는 그날만 생각하게 되는 것 같아요. 오늘을 쓰는 데에만 집중하게 돼요."

사실이다. 마지막 일기를 쓰는 내 기분은 의외로 담담했다. 열여덟의 내가 그저 돈이 아까워서 일기를 쓰기 시작했듯 마지막이라고 특별할 건 없었다. 밥값을 했구나, 정도가 제일 먼저 떠오른 감상이었다. 다른 사람들은 어떨지 모르겠는데 나는 어쨌든 오늘 내게 벌어진 일, 오늘의 내 마음에 대해서만 썼으니까. 물론 마지막 일기를 쓰고선 일기장을 책장에 눕혀 둘 때에는 기분이 좀 묘하긴 했다. 이 일기장에 더는 오늘이 들어갈 자리가 없구나. '오늘'의 입장에서는 익숙한 무리로부터 밀려나 조금 서운한 심정이었을까?

그러니까 스물일곱의 마지막 날, 2016년 12월 31일의 일기마저 써 버린 밤. 평소에 "저는 백과사전만 한 일기장이 있어요" 농담처럼 말했는데, 정말 10년을 쓰고 말았다. 그리하여 적어도 그 기간에 한해서는 나라는 인간의 모든 것이 일기장에 압축되어 있어 이것을 '십년 혜은', 또는 '혜은 십년 백과사전'이라고 부르지 아니할 수 없게 됐다(어느 쪽이든 발음에 주의할 것).

겨우 10년을 살아 냈을 뿐인데, 그 10년이 살아온 날의 3분의 1이나 차지하는 덕분에 (기억하지 못하거나 애매한 짐작으로 남은 유소년기의 10년을 제외하면 거의 절반에 가깝다!) 꼭 인생의 절반을 한번에 정리한 폴더가 생긴 것 같았다. 그동안의 나는 뭐랄까, 아무렇게나 증식한 폴더들이 마구잡이로 섞여 있는 바탕화면 같았다면, 이제 이 모든 걸 십년일기장이라는 폴더 안에 쏙 집어넣은 셈이었다. 그러자 순식간에 나는 폴더 하나만 덩그러니 놓인 바탕화면이 되어 있었다. 몸집은 그대로인데 굉장히 가뿐해진 기분으로.

후련함은 잠깐이었다. 다음에 올 무궁한 10년 앞에 이내 막막해졌다. 오늘이 있어야 할 새로운 자리를 찾아야 했다.

2017년 1월 5일. 주문해 둔 두 번째 십년일기장이 배달됐다. 그사이 지나간 며칠의 일기를 채우기 위해 1일부터 하나씩 복기하려는데 왠지 두근거렸다. 일단 새 일기장에 첫 칸을 채우고 나면 어떻게든 마지막 칸을 마주하게 되리란 것을, 나는 그런 종류의 인간이란 걸 불과 며칠 전에 확인했기 때문이다. 그리하여 10년 후 오늘, 나는 서른일곱이 돼 있을 거였다.

열여덟에 상상했던 스물일곱은 영문을 모르겠는 압도감을 안겨 주었지만(무언가 압도하기에 스물일곱은 턱없이 귀여운 숫자라는 걸 이제는 안다) 스물여덟에 짐작하는 서른일곱은 조금은 호기롭게, 희미한 미소로 마중 나가고 싶은 나이였다. 빠르게 가까워져도 괜찮을지 모른다는 생각도 들었다. 서른일곱은 필연적으로 스물여덟보다 근사할 것이 분명하므로. 열여덟보다 스물일곱의 내가 그러했듯 말이다.

서른여덟의 버지니아 울프도 오십을 상상하면서 이런 일기를 썼다.

1920년 3월 9일 화요일

당분간 이 일기를 계속해야겠다. 나는 때때로 내가 이 일기에 알맞은 문체를 만들어 냈다고 생각한다. 차를 마시고 난 다음의 편안하고 밝은 시간에 알맞은 문체 말이다. 그러나 현재로서는 유연성이 부족하다. 그러나 신경 쓰지 않기로 한다. 나이 먹은 버지니아가 안경을 끼고 1920년 3월의 대목을 읽을 때, 틀림없이 나더러 일기를 계속 쓰라고 말할 것이다. 친애하는 내 망령이여, 안녕하셨습니까? 그리고 내가 오십이라는 나이를 그리 많은 나이라고 생각하지 않는다는 점에 주목하기 바란다. 그 나이에도 좋은 책을 몇 권 쓸 수 있을 것이다. 멋진 책을 위한 재료가 여기 있지 않은가.

일기 쓰는 내 뒤에 이따금씩 나이 든 내가 서 있다고 상상해 본다. 애쓰고 있다고, 앞으로도 네 일기를 더 읽고 싶다고 소리 없이 독려하는 서른여덟, 혹은 오십의 나를. 그러면 든든한 기분이 든다. 형제자매가 없는 나는 늙은 미래의 '나'들이 친언니라도 되는 양 껴안고 응석을 부리고 싶어진다. 정작 지금의 자신은 못미더워하는 주제에 말이다. 그래도 가끔은 지난 일기들을 안쓰러운 표정으로 넘겨보며 짐짓 어른스럽게 위로하는 밤도 있으니, 10년, 20년 후의 내가 한 번도 가져 본 적 없는 언니의 얼굴을 하고 있으리라 기대하는 것도 영 엉뚱한 일은 아닐 거다.

물론 섣부른 낙관은 금물이다. 삶이 자주 나의 기대를 배반하고 나도 삶을 속여 먹었다는 걸 알고 있으니까. 지금의 내가 할 수 있는 건 앞으로도 부지런히 일기를 쓰며 오늘의 나에게 현재로만 대답하는 일이다. 지나간 10년이야 어찌됐든 다시 시작된 오늘에 집중하기, 지금 흘러가는 시간 속에 더 바짝 붙어 있기. 일기를 쓰면서 현재에 충실해지는 법을 배웠으니 새 10년 동안 잘 써먹을 일만 남았다.

새 일기장을 쓴 지도 벌써 4년째. 서른일곱에 네 발자국이나 가까워졌다. 어김없이 찾아오는 오늘들의 나는 어떤 모습인가. 소개해 보자면, 간신히 제 밥벌이를 하면서도 카드 값

일기 쓰고 앉아 있네, 혜은

이나 각종 공과금을 밀리는 법 없이 야금야금 저축을 하고, 때마다 부모님께 용돈도 드리는 착실한 딸이다. 가까이에서 본 나는 기분이 좋으면 친구에게 밥과 술을 사고 기분에 상관없이 책을 사는 소비요정이다. 대부분 일기만 겨우 쓰고 말지만 드물게 일기 밖으로 말이 넘치기도 한다. 그런 날들은 아무리 피곤해도 쓰기를 외면하지 않았다. 이런 나를 보고 친구는 '매일 쓰는 사람'이라고 했지만, 실은 언젠가 체력에 밀리더라도 나를 쉬이 지나치지 않도록 미리 연습을 해 두는 것에 가깝다.

뭐, 별거 없다. 내가 아니라면 누구도 딱히 알아주지 않을 평범한 모습에 지나지 않는다. 누군가 자신을 이렇게 소개한다면 나는 속으로 생각했을 것이다. 기본은 하고 사네. 나를 바라보는 바깥의 시선들도 꼭 이만큼 흐릿하고 느슨할 테다.

일기장 앞에서는 스스로를 띄엄띄엄 볼 수가 없다. 언젠가 "내가 겨우 내가 되기 위해 이렇게 열심인 거라니, 억울하다"라고 쓴 적이 있는데, 오늘은 그 말을 취소하고 싶다. '겨우 오늘'이 오기까지 지켜 내야 했던 일상을 헤아려 보면 스스로가 대견하다. 평범하고 당연한 것 같다가도 곱씹을수록 안도하게 되는 그런 하루. 내겐 그런 오늘들이 아주 많았음을 이제는 펼칠 일 없는 나의 첫 번째 십년일기장이 말해 주었다.

🏠 2016년, 스물일곱, 12월 31일

최근 몇 달 동안 페이지를 넘길 때마다 책등에서 종이 먼지를 쏟아 냈던 너를 기억해. 네가 사람이었다면 그건 좀처럼 멈추지 않는 마른기침이었을 거야. 그래서 일기를 쓸 때마다 미안한 마음이 들었어. 뭐 그렇게 좋은 이야기를 하려는 것도 아닌데 매일 너를 괴롭히나 싶었지. 덕분에 그나마 마음을 다잡고 살았으면서 말이야. 신을 찾듯 너에게 기댄 밤들이 있었지. 고마워 정말.

지난 10년 동안 내가 가장 잘한 일을 딱 하나만 꼽으라면 주저 않고 너를 품에 안고 돌아온 2007년의 나를 떠올릴 거야. 그동안 내가 쏟아 낸 미운 마음들은 아주 묻어 두고, 이제 10년 동안 미뤄 둔 깊은 잠을 자러 가자.

🏠 2017년, 스물여덟, 10월 5일

긴 연휴, 카페에서 《진심의 공간》을 읽는 동안 필사한 구절을 옮겨 본다.

> 매일 일기를 쓰는 이유도 그렇다. 일상은 변화가 없고 나의 영역은 운명이 정해 준 원 밖을 벗어나지 못하는 것 같지만, 차곡차곡 쌓여 온 일기를 다시 보는 일은 두렵고 벅차다. 반복된 일상에서 얼마나 큰 발전과 변동이 일어났는지는 그것을 기록한 사람, 기억을 꺼내는 사람만이 발견할 수 있다. 10년간 써 온 나의 일기는 이 책을 채워 나가는 데 어떤 참

고문헌보다 값졌다. (……) 그리고 각자의 일기는, 지금껏 이 세상에는 단 한 번도 없었던 글이다.

🏠 2019년, 서른, 1월 1일

십년일기장을 새로 산 지가 엊그제 같은데 다시 또 일기장의 가름끈이 맨 앞으로 넘어왔다. 벌써 세 번째 칸을 채우고 있다니. 나이를 먹는 일에는 덤덤해졌는데, 시간이 흐르는 속도는 좀 무섭게 느껴진다. 오늘부터 새로운 나이로, 지금 이 순간에도 흘러가고 있는 시간을 보내야 한다니. 아무래도 겁이 난다.

슬픔을 말하는 연습

비 내리는 저녁, '밤의 서점'은 축축한 열기로 가득했다. 촘촘히 붙어 앉은 사람들의 머리며 어깨에는 미처 털어 내지 못한 빗방울들이 매달려 있었다. 마지막으로 트렌치코트를 입은 키 큰 사내가 휘적휘적 걸어 들어왔고, 신형철 평론가의《슬픔을 공부하는 슬픔》강연이 시작됐다.

그는 첫인사에서 스스로를 "슬픔 앞에서 어찌할 바를 모르는 학생"이라고 소개했다. 타자의 슬픔 앞에서 느끼는 한계를 극복하기 위해 모여든 사람들은 평론가의 고백을 시작으로 한 번 더 슬픔에 겸손한 자세가 되었다. 그와의 만남을 앞

214

두고 당장 내일부터 슬픔을 위로하는 방법을 알게 되리라, 손쉽게 품었던 내 기대를 들킨 것도 같았다. 예정보다 길어진 강연 내내 신형철 평론가는 자신이 '슬픔의 열등생'임을 거듭 강조했다. 그리고 우리가 슬픔을 잘 알아야 하는 이유에 대해 이렇게 덧붙였다. "슬픔을 공부하는 것은 나로부터 타인을 보호하기 위함입니다." 단호한 음성이 척척한 밤에 기도처럼 스며들었다.

타인을 위로하고 싶으면 싶을수록 열정적으로 참견했던 많은 날들의 내가 떠올라 가슴이 따끔거렸다. 나의 성급한 말과 행동이 상대의 슬픔을 훼손시킨 적은 없었나 두려움이 일었다. 가장 정확한 위로는 '상대의 고통을 나도 아는 것'이라는 말은 또 얼마나 당연했는지. 당연하다 못해 슬픔을 헤아리는 단 하나의 길처럼 느껴졌다. 단순명료한 이정표 앞에서 오히려 길을 잃은 것처럼 당황스러웠다. 잠깐만 재어 봐도 내가 아는 고통의 폭은 너무나도 좁았기 때문이다. 그런데도 알은 체를 하며 그 길을 건넌 숱한 날들에 속마음이 화끈거렸다.

도대체 어느 누가 모든 고통을 생생히 다 알 수 있단 말인가. 제 몫으로 쌓이는 일상의 고통들을 겨우 추스르는 우리가 잘 모르는 고통 앞에서 할 수 있는 일이라곤 다가가 안아 주고 함께 울어 주거나 밤새 휴대폰을 쥐다 잠드는 것 정도다. 여기에 신형철 평론가는 작은 해답을 내놓았다. 문학을 통해 우리가 부지런히 알고 느껴야 하는 감정을 만나 보자는 거였다. 그러고는 예시로 든 작품이 바로 박완서 선생의《한 말씀만 하소서》이다. 아들의 죽음을 겪으면서 기록했다는 일기 앞에서 얼마 전 몰래 읽은 엄마의 일기장을 떠올렸다. 그곳에는 섣불리 위로할 수 없는 슬픔들만 가득해서 일기장을 엿본 걸 후회하고 있던 터였다.

때문에 내가 방점을 찍은 것은 타자의 슬픔을 이해하는데에 적용되는 문학의 효용가치보다도, 영원한 무지의 영역이나 다름없는 고통을 향해 나아가야 한다는 자세였다. 모르는 채로 무례해지는 것도, 모르므로 무참에 빠지는 것도 아닌 '그럼에도 불구하고' 당신을 알아보겠다는 조심스러운 약속으로써의 노력 말이다. 하지만 필연적으로 실패할 수밖에 없는 위로를 어떻게 시작해야 좋을지 몰라 우선 박완서 선생의 일기를 읽어 보기로 했다. 자식을 잃은 어머니의 고통은 마주하기도 전에 송구스러웠다.

내가 이 나이까지 겪어 본 울음에는, 그 울음이 설사 일생의 반려를 잃은 울음이라 할지라도, 지내 놓고 보면 약간이나마 감미로움이 섞여 있게 마련이었다. 응석이라 해도 좋았다. 아무리 미량이라 해도 그 감미로움에는 고통을 견딜 만하게 해 주는 진통제 같은 것이 들어 있었다. 오직 참척의 고

통에만 전혀 감미로움이 섞여 있지 않았다. 구원의 가망이
없는 극형이었다. 끔찍한 일이었다.

선생은 일기 속에서 자신을 남처럼 떼어 놓고선 그 속을
빤히 들여다보았다. 체면 따위는 조금도 차리지 않고 그저 아
들을 앗아간 세상에 대해 신과 담판 짓기만을 바라면서 말이
다. 어쩔 줄 모르겠는 심정으로 책을 읽다 왈칵 눈물이 솟았
다. 참을 수 없는 분노로 씩씩대던 선생이 잠시 표정을 푼 순
간이었다. 자신의 발버둥에 혹시라도 상처 입는 사람이 없도
록 제 속을 이해시키려는 마음은 호소에 가까웠다.

아무리 좋은 일도 그걸 못이 박힌 가슴으로 느껴야 할 때 어
떠하다는 걸 네가 알 리가 없지. 또 알아서도 안 되고. 그러
나 너도 손가락에 가시 같은 게 박혀 본 적은 아마 있을 것이
다. 가시 박힌 손가락은 건드리지 않는 게 수잖니? 이물질이
닿기만 하면 통증이 더해지니까. 에미에게 너무 잘해 주려
애쓰지 말아라. 만약 손가락 끝에 가시라도 박힌 경험이 있
다면 그 손가락으로는 아무리 좋은 거라도, 설사 아기의 보
드라운 뺨이라도 아픔을 통하지 않고는 결코 만져 볼 수 없
다는 걸 알 테지. 그런 손가락은 안 다치려고 할수록 더욱 걸
치적거린다는 것도. 못 박힌 가슴도 마찬가지란다. 오오. 제

발 무관심해 다오. 스스로 견딜 수 있을 때까지.

선생의 고통은 누구와도 나눌 수 없는 것이었지만, 그 와
중에도 제 고통 앞에 길게 늘어선 위로의 행렬을 사려 깊은
시선으로 돌려보내려는 마음만은 감히 느낄 수 있었다. 고통
으로부터의 해방이 아니라 위로받지 않을 자유를 갈망하는
듯한 말씀에 다시금 무력함이 덮쳐 왔다. 그동안의 나는 말하
자면 공감과 위로에 스스로 자신하는 사람이었다.

일기에는 선생이 자신을 지나치게 보살피는 딸을 보며
"그 애가 에미를 자기만 돌볼 수 있다고 생각하는 중요한 까
닭은 바로 식사 문제"임을 알아채는 하루가 나온다. 선생은
기어이 딸애 집을 벗어나고자 속에 받지 않는 밥을 억지로 넘
기는 데 성공한다.

하물며 나는 따뜻한 밥 한 끼를 차려 내는 것도 아니면서
상대를 향한 나의 다정과 관심이, 좀 무작정인 구석이 있는
따스함이, 만병통치약인 양 굴었으니 어찌나 부끄럽던지. 솔
직히 내게 우울, 슬픔, 분노, 절망, 좌절을 조금씩 털어놓는 이
들 앞에서 때로는 조급증이 나기도 했다. 빨리 위로해 줘야
하는데, 내 이야길 듣고 나면 생각이 달라질 텐데, 하고. 하지
만 입술을 달싹이고 키보드를 바삐 움직이는 손가락에 어떤
교만이 깃들어 있었음을 인정하지 않을 수 없었다. 차라리 혼

일기 쓰고 앉아 있네, 혜은

자이기를 택할 수밖에 없는 심정 앞에서 나는 몇 번이나 은근한 짜증으로 뒤돌아섰었나.

내 글쓰기가 자주 한계에 부딪히는 것도 이런 이유 때문일까. 줄곧 경험의 차이가 사유의 깊이와 감정의 폭을 결정한다고 생각했는데, 여기에 타자 앞의 내 오만도 더해야 하지 싶다. 다만 내가 스스로에게 기대할 수 있는 작은 희망은 오늘처럼 자신이 민망스러운 날에도 일기를 쓸 거라는 것. 선생이 한 권의 일기를 남김으로써 제 슬픔을 지겹도록 마주했듯, 나도 일기를 쓰는 한 나의 부족함을 질리도록 확인하게 될 것이다.

《프롤로그 에필로그 박완서의 모든 책》에서 최은영 소설가는 박완서 선생을 기리며 이렇게 썼다. "선생님의 말씀을 읽으며 강한 사람이란 모든 일을 대수롭지 않게 넘겨 버리는 사람이 아니라, 자신의 경험을 피하지 않고 그대로 느끼며 통과하고 기어이 기억하는 사람이라는 생각을 했다"라고. 이토록 끈기와 용기를 지닌 사람이어서, 선생은 결국 '아들이 없는 세상도 사랑할 수 있다'는 깨달음을 얻고 만 거겠지.

'고통도 나눌 가치가 있는 거라면 나누리라.' 선생을 구원한 다짐이다. 제 고통을 정직하게 바라볼 수 있는 사람만이 타인의 슬픔에도 기꺼이 잠길 수 있다는 것을 어렴풋이 알겠다. 나도 타인의 슬픔이나 고통을 쉬이 지우려는 시도 대신, 그 아픔에 천천히 접촉하는 용기를 낼 수 있을까. 벌어진 상처에 딱지가 앉기를 기다려 주는 사람이 되고 싶다.

2018년, 스물아홉, 7월 12일

나의 30대, 40대, 50대를 궁금해하는 사람이 있다니. 나조차도 궁금하지 않은 미래인데. 고마워. 오늘의 큰 위로였어.

2018년, 스물아홉, 9월 17일

문득 나의 내면 어딘가가 무뎌져 버려 안 좋은 쪽으로만 반응하고 있는 건 아닐까 생각한다. 뭔가를 아주 많이 잃어버렸는데, 잃어버린 채로 너무나도 잘 살아온 것 같다. 덕분에 지금 난 적당히 막막하고 또 적당히 홀가분하다. 그러면 이제 어떻게 살아야 하는 걸까. 그건 차차 생각하기로.

2019년, 서른, 2월 11일

"내가 사랑하는 사람은 모두 죽은 사람이다"로 시작하는 책. 노

일기 쓰고 앉아 있네, 혜은

쇠한 작가에게 자신의 죽음은 이별이 아닌 먼저 간 이들과의 재회로 다가오는 걸까. 그렇게 생각하니 사노 요코의 죽음을 애석하게만 여겨 온 내 마음도 약간은 편해지는 것 같다. 책 말미에 붙은 옮긴이의 말이 짧지만 단단한 위로가 된다. "그러므로 우리는 어쩔 도리 없이 이생에서 몇 번쯤은 사랑하는 존재의 소멸을 견뎌 내야 할 것이고, 끝내는 스스로의 소멸도 견뎌야 할 것이다."

헬무트 할아버지의 일기장

두 번째 퇴사를 하고선 캐리어 두 개를 펼쳐 두 달치의 짐을 쌌다. 캐리어 두 개를 한번에 끌게 되면 구글맵을 체크할 손이 부족하다는 (너무나도 당연한) 사실은 조금도 고려하지 않았다. 친구들의 촘촘한 계획표도, 시시때때로 내 이름을 부르는 익숙한 목소리도 없이 오른 여행길은 처음이었다. 보통 이런 여행을 '훌쩍 떠난다'고 표현하는데, 나는 마치 긴 여행 끝에 귀국이라도 한 듯 두 손 무겁게 베를린에 도착하고 말았다. 기내용 캐리어의 손잡이를 꼭 쥐고선 컨베이어벨트가 토해 낸 또 하나의 익숙한 수하물을 바라보았을 때, 비로소 뭔

222

가 단단히 잘못되었음을 감지했다.

　때마침 비가 내리고 있었다. 오후 다섯 시가 채 안 된 시간이었는데 밖은 벌써 어둑했다. 예약해 둔 숙소가 있는 도시로 가려면 어느 게이트에서 몇 번 버스를 타야 했더라, 테겔공항에서 뻗어 나가는 수많은 출구에 현기증이 일었다. 허공에 투명한 빗금이 그어지는 것을 망연히 바라보는 사이 눈가는 축축해지고 콧물이 찔끔찔끔 흘렀다. 첫 유럽여행의 설렘은 온데간데없이 사라지고 짐작할 수 없는 시간의 무게만 발밑으로 고여 갔다.

　재킷에 달린 후드를 뒤집어썼다. 걸치고 있는 옷은 가지고 온 옷들 중 가장 두툼했지만 비바람을 견디기엔 역부족이었다. 3월의 마지막 날, 지금 맞고 있는 이 비는 꼭 이맘때쯤 한국에 내리곤 하는 봄비와는 아주 달랐다. 내가 남겨 두고 온 것들에 대해 생각했다. 이를테면 안감이 좋은 코트라든가, 이런 날을 하소연하듯 기록해야 마땅한 두툼한 일기장 같은 것들을. (베를린에 머무는 동안은 블로그가 일기장을 대신했다.) 그러자 걸음을 뗄 때마다 손목을 타고 전해지는 두 캐리어의 무게가 몹시 부당하게 느껴졌다.

　이따금 삶이 멋대로 흘러가서 잠시 놓아 버리고 싶을 때 나는 베를린을 생각한다. 그때처럼 하루와 잘 지내 보기 위해 애썼던 시간이 또 있을까. 자취 경력 9년 차. (그사이 12년 차가 됐다.) 쓸고 닦고 바지런을 떨며 일상을 돌보는 데에 깊은 안정을 느끼는 내게 여행은 관심 밖의 대상이었다. 그 흔한 제주도도 수학여행과 출장으로 한 번씩만 다녀온 게 전부고, 해외여행 역시 친구들의 강압에 못 이겨 떠난 홍콩과 대만, 방콕 정도로 단출하게 정리할 수 있다. 나의 여행은 줄곧 사무적이거나 수동적인 형태로만 이어졌던 셈이다.

그런데 두 번째 회사를 퇴사하고 빼도 박도 못하게 20대 후반에 진입하고 나니 나도 별수 없이 '역시 여행밖에 답이 없는 건가'라는 생각에 휩싸였다. 별안간 여기가 아닌 다른 곳이 절실해진 스스로가 낯설 정도였다. 물론 한동안 이어진 불안의 원인이 결코 나를 둘러싼 공간이나 환경 때문이 아니었음은 떠난 다음에야 비로소 알 수 있는 일이었다.

그리하여 오롯이 홀로 맞닥뜨리는 여행은 결코 유쾌하지 않았다. 두 달을 고집스레 베를린에만 머물면서 나는 그동안 몰랐던 자신과 너무 자주 마주쳐야 했다. 스스로를 누구보다 혼자가 익숙한 사람이라고 생각했는데, 단지 군중 속의 고독을 즐기는 수준에 불과했다는 것을 혹독히 깨달았다. 숙소를 옮길 때마다 (두 달 동안 에어비앤비를 무려 네 군데나 잡았다) 감당해야 하는 혼자의 그림자는 또 얼마나 무거웠는지……. 그럼에도 여행을 포기하지 않을 수 있었던 건 외로움 사이사이 찾아온 몇몇 순간들 덕분이었다. 그 고마움을 말하자면 나의 첫 번째 에어비앤비 호스트, 헬무트 할아버지의 얼굴이 먼저 떠오른다.

그날은 내가 베를린에 도착한 지 보름째 되는 날로, 부활절이었다. 유럽의 부활절 휴일이 주는 고요한 축제 같은 분위기는 내게 무료할 따름이었다. 또한 당시의 나로 말할 것 같으면 쫄보 기질을 버리지 못한 채 베를린 중심부는 구경할 생각도 않고 동네만 조심조심 돌아보는 것으로 하루를 보내던 상태였다. 그러니 이런 날 부러 단장을 하고 나간다 해도 시간을 때울 곳은 스타벅스 정도밖에 생각나지 않았다.

평소보다 길게 느껴질 하루. 아침은 집에서 해결할 요량으로 부엌으로 내려온 내게 헬무트 할아버지가 불쑥 말을 걸었다. 모처럼 날이 개었으니 함께 자전거를 타면서 이 동네를 구경해 보지 않겠느냐고 말이다. 평소 집 안의 모두와 간단한 인사만 나누고 지내던 내게 어디서 그런 용기가 샘솟았을까. 할아버지가 건넨 다정을 민망하게 만들지 않기 위해서라기보다 내 마음이 빠르게 고개를 끄덕였다.

나는 할아버지 아들 몫의 자전거를 빌려 페달을 밟았다. 이날이 베를린처럼 멋진 공원이 많은 도시에서 내가 처음이자 마지막으로 자전거를 탄 날임을 밝혀 둔다. 그래서 결코 잊을 수 없는 하루가 되었지만 말이다.

할아버지와 나는 300년도 더 되었다는 독일의 목장을 향해 열심히 페달을 밟았다. 서로의 속도에 맞추려고 (나는 더 빠르게, 헬무트는 더 느리게) 애쓰다가 결국 각자의 속도로 달리는 것을 택했다. 베를린 남서지역 내에서도 유독 목가적인 분위기인 달렘도르프에 다다르자 이윽고 주택가 틈에서 별안간 드넓은 초원이 바다처럼 펼쳐지는 진풍경을 만날 수 있었다. 시종일관 기대해 보라는 듯 미소 짓던 할아버지가 기어이 마법이라도 부린 걸까. 나는 감탄을 아끼지 못했다. 삶을 달리 살아 보겠다고 호기롭게 베를린으로 떠나오면서 나도 모르게 바랐던 것은 바로 이런 순간인지도 몰랐다.

그 옛날 왕에게 바칠 각종 곡물과 채소를 저장하고 유제품을 생산했다던 목장에는 과거의 영광 대신 온화한 얼굴만이 남아 있었다. 근처에는 농업 박물관을 필두로 수공예 공방과 아이들의 체험학습 공간도 소담하게 이어져 있는데, 날이 날인 만큼 가족 단위의 방문객들 일색이었다. 나도 할아버지와 함께였으므로 조금 으쓱한 기분으로 구석구석을 둘러보았다. 그가 흰 울타리에 기대어 통화하는 사이 바람을 맞으며 먼 곳까지 달려 보기도 했다. 너무 갔나 싶을 때쯤 뒤를 돌아보니 헬무트는 여전히 같은 자리에 있었다. 옆에 있을 때는 꼭 나무처럼 커다랬는데, 어느새 손톱처럼 작아져 있었다. 그 옆에는 자전거 두 대가 미니어처마냥 서 있었고. 착한 이야기만 들려주는 동화 속에 잠시 들어와 있는 기분이었다. 그 풍경은 마음이 못된 날, 내 속을 데워 주는 응급 기억 중 하나로 당당히 한자리를 차지하고 있다. (그때 우린 서로에게 손을 흔들었던가? 흐릿한 기억 속에서 나는 어린 손녀의 심정으로 그에게 손을 흔든다.)

과연 평소보다 느리게 흘러가는 하루였다. 그러나 이 여유가 조금도 지루하지 않았다. 산책을 마친 우리는 아니나 다를까 싶게 쏟아지는 비를 피해 근처 펍으로 자전거를 돌렸다. 맥주와 스프라이트를 섞은 음료를 마시며 대화를 본격적으로 이어 나갔다. 할아버지는 내가 베를린을 선택한 이유를 궁금해하며 두 달 동안 오직 베를린에만 머물면서 무얼 할 계획인지 물었다. 나는 두 질문 모두에 글을 쓰기 위해서라고 답했다. 마음속 어디선가 '정말이야?'라고 되묻는 목소리가 들렸지만 뻔뻔하게 무시했다. 그즈음의 나는 일단 한국이 아닌 베를린에서라면 어떤 식으로든 더 나은 방황을 겪은 다음, 무엇이든 써 내리라 하는 터무니없는 믿음을 갖고 있었다.

나는 할아버지가 그럼 글을 쓰기 위해 다른 어디도 아닌 베를린을 택한 이유에 대해 물을까 봐 조마조마했다. 그런 이유가 있을 리 없을뿐더러 굳이 찾는다면야 전혜린의 《그리고 아무 말도 하지 않았다》를 읽고서 든 겉멋이라고 볼 수 있지만 그걸 영어로 구구절절 늘어놓을 순 없지 않은가.

다행히 할아버지는 그 이상 집요하게 묻지 않았다. 대신 내 호기로운 고백 덕분에 할아버지와 나 사이에 작은 공통점을 찾을 수 있었다. 바로 매일 일기를 쓰고 있다는 것. 갑자기 우리 사이의 거리가 단숨에 좁혀진 기분이었다. 이곳에서 일기인간을 만날 줄이야! 알코올이 거의 없는 맥주를 마시면서 가느다란 경계마저 풀어 버린 나는 언젠가 내 이름으로 된 책을 쓰고 싶다고, 누구에게도 쉬이 털어놓지 못한 소망을 짧은 영어로 열심히도 설명했다. 대부분의 고백이 그러하듯 후련함은 짧고 이내 쑥스러움이 밀려왔지만, 할아버지는 다 알겠다는 표정으로 타이밍 좋게 잔을 부딪쳐 왔다.

한번 입 밖으로 꺼내어진 말엔 과연 어떤 힘이 실리는 것 같다. 한국으로 돌아온 뒤 나는 베를린 여행기가 담긴 독립출판물을 제작했고, 13년 동안 써 온 일기를 거름 삼아 이렇게 새 책을 쓰고 있으니 말이다. 미래에 무엇이 되어 있으리라 작은 상상조차 할 수 없던 시절부터 써 내려간 일기로 출판의 기회를 얻게 되었을 때, 나는 헬무트 할아버지를 떠올렸다.

꼬박 한 달간 머문 그 집을 떠나는 날, 할아버지는 내게 일

일기 쓰고 앉아 있네, 혜은

기장 꾸러미를 건넸더랬다. 알고 보니(나의 얕은 해석에 기대어 보면) 그의 집안은 대대로 일기를 써 온 이력이 있고, 실제로 제본까지 해 가며 독립출판 형태로 가족들의 일기를 간직하고 있었다. 그중 몇 권이 내게 작별 선물로 전해진 것을 이제와 어떤 운명으로 받아들인다면 너무 비약일까?

그토록 바랐던 출판계약서에 사인을 하면서 3년 전 기꺼이 나에게 부활절 절반을 할애한 헬무트 할아버지와 조우할 줄이야. 먼 곳의 기억이 한달음에 달려와 지금에 닿아 버릴 때, 삶이 내게 할 말이 있음을 느낀다. 장마를 목전에 둔 초여름, 나는 연희동 카페에 앉아 삶이 속삭이는 말들에 세심하게 귀 기울이며 책을 써 보기로 다짐했다.

헬무트 가족의 일기장을 펼쳐 본다. 간간이 가족들의 사진이 끼어 있다. 그의 아버지나 할아버지일까, 혹은 여동생일까, 아니면 어머니의 젊었을 적 모습일까 혹은 할아버지도 이름이 헷갈리는 먼 친척에 불과할까? 텍스트는커녕 사진의 주인도 알 수가 없다. 읽어 낼 수 없는 사연들은 나를 쓸쓸하게 만들었다. 할아버지는 내게 왜 이 일기장을 주었을까? 글을 쓰겠다고 먼 베를린까지 와 놓고선 내내 재미없는 표정으로 지내는 한국의 여자애에게 어떤 영감이라도 주고 싶었던 걸까? 영영 해석되지 못할 활자 위로 할아버지에게 묻고 싶은 말들이 와르르 밀려왔다.

보통 몇 시에 일기를 쓰는지, 집의 어느 공간에서 쓰는 걸 좋아하는지, 수기로 쓰는지 노트북이 편한지, 당신의 자녀들도 어렸을 땐 숙제처럼 일기를 쓰곤 했는지, 그랬다면 훔쳐본 적 있는지, 어떤 심정으로 하루의 첫 문장을 쓰는지, 날씨를 꼬박꼬박 적는 편인지, 일기가 밀리는 걸 개의치 않는지, 그해 부활절 일기에 나를 적어 두었는지, 혹시 당신의 집에 머무는 동안 내가 쓴 일기가 궁금하지는 않은지……. 부활절 이후로도 나는 그 집에 열흘을 더 머물렀는데 왜 어느 것 하나 물어보지 않았을까.

그해 부활절 일기에 나는 이렇게 썼다.

개들은 젖은 몸을 털고, 사람들은 살짝 언 몸을 녹이고. 그리고 이들 모두와 함께 카페 음식을 나눠 먹으며 생애 첫 부활절의 오후를 촉촉하게 보냈다. 본격적으로 길어진 비를 완전히 기다릴 순 없었기에 잠시 빗줄기가 가늘어진 틈을 타 라이딩을 계속했다.

이때 본 숲의 풍경을 잊지 못한다. 아침 이슬처럼 빗방울을 머금은 초록들, 적당히 말랑말랑한 땅, 언제나처럼 선율이 있는 이곳 새들의 지저귐을 보고, 듣고, 느끼는 동안 꼭 천국의 정원을 달리는 듯했다. 내가 또 넘어질까 봐 옆에서 내 자전거 핸들을 잡고 달려 준 헬무트를 보며 나와 그에게 약속하듯 말했다. "한국으로 돌아가면 아빠와 꼭 자전거를 탈 거예요." 그에게도 나와의 라이딩이 그의 귀여운 늦둥이 브레타와의 즐거운 한때가 떠오르는 시간이었길 바라 본다. It was really happy Easter day!

아쉽게도 내가 베를린에 다녀오는 사이 아빠의 허리와 무릎은 부쩍 나빠져 자전거 타기는 영영 요원해졌다. 그래도 이 일기를 보면 꼭 아빠와 숲길을 달리기라도 한 것처럼, 언제라도 그럴 수 있을 것처럼 엉덩이가 들썩인다.

더는 삶이 시시하다고 달아나 버리는 여행을 꿈꾸지 않는다. 보통의 나날을 더 잘 살아 보고 싶을 때 베를린을 잠시 그리워할 뿐이다. 4월에도 눈이 내렸던 베를린의 회색빛 하늘을, 열흘에 한 번씩 장을 보러 가던 동네 마트를, 비바람을 맞으며 먹었지만 끝내주게 맛있었던 가판대 케밥을, 필하모니의 런치 콘서트를, 미세먼지 대신 담배연기 자욱한 카페 테라스를, 미처 다 먹지 못한 과일과 앉지 못한 자리 들을, 분리수거의 8할이 맥주 캔이나 병이었던 나의 작은 쓰레기통을, 무너진 베를린 장벽이 별안간 내 마음 위에 다시 세워진 듯 고독했던 두 달을. 내가 나를 정면으로 마주하는 일이 얼마나 불편했는지 차근차근 곱씹다 보면 어느새 마음은 차분해져 있다. 그해 봄은 분명 그곳의 방식대로 다정했는데 내 마음만 날카롭게 돋아 있었다.

독일어를 모르는 내게 헬무트 할아버지가 제 가족의 일기장을 내주었듯, 언젠가 나도 한글을 모르는 그에게 이 책을 선물하고 싶다. 이 페이지에 당신의 이름이 아주 많이 적혀 있다고. 문장마다 섞인 헬무트, 이름 석 자를 하나씩 짚어 주면서 뒤늦게 도착한 말들을 용기 내 건넬 것이다. 내가 베를린에 다시 가야 하는, 거의 유일한 이유다.

🗓 **2017년, 스물여덟, 4월 4일**

내가 만약 조물주였다면, 이 시대의 인간들이 되게 귀엽고 기특했을 것 같다. 신의 시간 속에서는 빚어진 지 얼마 안 된 아이들이 그 고사리 같은 손으로 세상을 채워 나가고 이윽고 그 모습을 역사라 부르는 모습을 보면서 말이다. (신 박물관에서)

🗓 **2017년, 스물여덟, 4월 7일**

베를린에 도착한 지 딱 일주일 되는 오늘. 처음 3일은 밤이면 눈물이 났는데, 이제는 집을 나설 때마다 이곳에 점차 익숙해지는 기분이 간지럽게 피어난다. 거리를 걷다 슬며시 미소 짓는 나를 발견하기도 하고. 아직은 시간이 가는 게 아깝지 않다. 여전히 모든 게 꿈만 같아서.

📓 2017년, 스물여덟, 4월 22일

무엇을 좋아하고 또 무엇을 하고 싶은지 조금씩 명확해지고 있다. 다시 흐릿해지지 않도록 오늘의 그림을 잘 기억해야지. 그리고 지금의 일상에서 느끼는 감동을 한국에서도 재현할 수 있도록 근사하게 살고 싶어졌다. 다시 떠나기를 바라는 삶이 아니라.

📓 2017년, 스물여덟, 4월 23일

슈테글리츠에서의 마지막 주말이 밝았다. 과연, 의심스러운 아침이었다. 이날도 부지런히 나갈 채비를 하는데 꼭 지난주 부활절의 주말처럼 헬무트가 나들이 동행을 제안했다. 우리말로 풀면 농장 체험학교 비슷한 곳을 데려가 주겠다고 했다. 마침 며칠 전부터 그의 오랜 친구와 친구의 딸이 내 옆방에 머물고 있던 터라, 그들의 나들이에 나도 끼게 되었다. 이곳에서 나는 유독 거절을 모른다. 돌이켜보면 끈질기게 안정적인 삶을 유지해 온 습성으로부터 잠시나마 탈피하고 싶은지도 모르겠다. 그래서 이곳에서의 매일은 언제나 일말의 두려움을 내포하고 있다. 거의 모든 것이 내 통제 밖에 있으니까.

🏕 2017년, 스물여덟, 4월 24일

별다른 마음의 준비 없이 마지막 밤이 드리워졌다. 처음 짐을 풀던 그 밤처럼, 짐을 다 꾸린 마지막 밤에도 이토록 눈물이 날 줄 몰랐다. 처음은 두려워서였고, 마지막은…… 마지막도 두려워서인 것 같다. 처음은 처음이라 두렵고, 마지막은 이 마지막이 끝나면 다시 또 처음이 기다리고 있어서겠지. 아무도 나를 공격하지 않고 무엇도 묻지 않는 이곳에서는 밤이면 스스로에게 던지는 질문이 많아진다. 나를 제일 못마땅해하는 건 아마 나 자신일지도 모르겠다. 그리고 나를 제일 안쓰러워하는 것도 나뿐이고. 넌 어때? 어떻게 생각해?

🏕 2017년, 스물여덟, 5월 2일

벌써 5월이다. 몰랐던 것처럼 말하지 마. 내내 이 봄을 의식하고 있었으면서. 실로 오랜만에 일하지 않는 신분으로 노동절을 맞았다. 그것도 해외에서. 아침부터 사치스러운 기분으로 오늘을 인지했다. 오전에는 신호가 약한 이곳의 와이파이 때문에 애인과 통화를 하다 서로 빈정이 상해 버렸다. 우리의 입씨름은 그동안 자신이 더 많이 참아 왔다는 확신이 전제에 깔릴 때 증폭된다. 당연히 상대에게 더 많은 이해를 요구한다. 하지만 야, 나는 지금 여행 중이잖아. 나는 나한테 맞추는 것만으로도 머릿속에 불이 수십 번씩 꺼졌다 켜졌다 한다고. 우리 집 와이파이처럼.

☐ 2017년, 스물여덟, 5월 11일

이제는 이 도시가 익숙해졌지만, 불과 몇 주 전까지만 해도 실체 없는 두려움이 덮칠 때마다 나는 생각했다. 오늘 만난 가장 일상적인 풍경을 떠올려 보자.

가령 퇴근길 도로 위에 늘어선 차량들, 빈 유모차를 미는 허리 굽은 할머니(처음 베를린에서 이 같은 노인을 봤을 때, 정말 사람 사는 거 다 똑같구나 생각했다), 제멋대로 구는 자녀를 부르는 엄마의 높아지는 목소리, 고심하며 장을 보는 사람들, 손을 잡고 무단횡단을 하는 연인, 모습과 덩치는 흡사 늑대의 형상인데 결코 짖지 않는 개들. 나를 보며 짖는 개는 없고 무서워하는 나만 있다. 마침내 나란 사람은 그저 지나가는 행인 혹은 함께 버스나 지하철에 올라탄 승객일 뿐이라는 사실을 자각하고 비로소 안도한다. 그러고 보면 벽돌 같은 마음에 스며드는 촉촉하고 따뜻한 숨결들은 대개 거리 위를 흘러가는 무심한 풍경에서 비롯되곤 했다.

☐ 2017년, 스물여덟, 5월 28일

내 마음이 어둡고 남은 시간을 죽이기엔 뒤늦게 찾아온 이곳의 봄이 너무 아름답다.

📖 2017년, 스물여덟, 5월 30일

담담한 척했지만, 아마 내일도 그러겠지만 너무 그리울 거야. 벌써부터 후폭풍이 감당 안 될 것 같은 예감이 들지만, 그래서 나는 더 애써 밀린 내 일상을 악착같이 끌어안겠지. 엄마 말마따나 돌아가면 이것저것 따지지 말고 웃어야지. 내게 너무 과분했던 이 봄이 쉽게 잊히도록. 정말 고마웠어.

📖 2017년, 스물여덟, 10월 23일

그때의 나에겐 특별한 하루가 아니라 그저 또 다른 일상이 필요했던 것 같다. 부지런히 일을 하고, 돌아오는 길에 이따금씩 근사한 밥을 사 먹고, 청소를 한 뒤 일찍 잠이 드는 평범한 나날. 말하자면 낯선 곳에서 새롭게 성실하고 싶었던 것이다. 애초부터 쉬려는 생각은 없었는지 모른다. 가끔 지난봄을 떠올리면 좀 더 머물지 못한 것에 대한 후회보다는 겁에 질려 무엇도 하지 않고 보낸 시간들이 아까워진다. 그래서 지금 이 일상은 가능한 한 느리게 지루해졌으면 좋겠다.

📖 2018년, 스물아홉, 8월 12일

하늘은 많은 날들에 큰 위로가 된다. 머리 위 하늘이라면, 기력이 바닥난 와중에도 아름다운 것에 욕심을 내어 사진을 찍곤 하니까. 애인과 함께 집으로 돌아가는 길, 여느 때처럼 사진을 찍고 뒤를 돌아보며 말했다. "예쁘지?" 때마침 애인의 등 뒤에서 버스를 기다리던 여자의 휴대폰도 하늘을 향해 있었다. 애인의 대답보다 더 근사한 동의를 얻은 것 같아 나는 작게 웃었다.

잠시 후 올라탄 버스의 창밖 풍경은 요 근래 내가 만난 가장 근사한 여름 풍경이다. 거리에서 여자 두 명이 나란히 휴대폰을 쥔 손을 뻗은 채 미소 짓고 있었다. 어떤 기시감이 들었다. 드레스덴 구시가지에서 버스를 기다리다 마주한 보랏빛 저녁노을, 앉거나 선 채로 하나둘씩 고개를 들어 올리기 시작하는 사람들……. 이내 그날 밤의 일기 한 줄이 아득하게 떠올랐다.

"우리는 서로를 모르고도 같은 풍경에 사로잡혔다"

아주 잠시, 삶의 연속성에 대해 생각하다 창문에 머리를 맞대고 잠이 든 것 같다.

엄마가 일기를 쓰기 시작했다

2018년 겨울, 나는 의사 앞에서 간밤에 엄마가 쏟은 소주 한 컵 분량의 피에 대해서 설명하다가 소주 됫병만큼의 눈물을 쏟고 말았다. 와중에 선생님이 건넨 티슈에 코를 풀면서 생각했다. 아, 이따가 엄마한테 된통 혼나겠네.

내가 이럴까 봐 너랑 병원에 안 오겠다는 거야. 진료가 끝나고 익숙한 잔소리가 이어져야 할 타이밍이었지만 엄마는 별말 없이 데스크에서 수납을 기다렸다. 그래, 기력이 없을 만도 하지. 눈치를 보며 앉아 코를 훌쩍였다. "너는 왜 그렇게 아무데서나 울고 그러니." 엄마는 조금 짜증 섞인 투로 말했다. 나 몰래 엉엉 울기라도 한 건지 목소리에 힘이 하나도 없었다. 그 말이 꼭 "진짜 울고 싶은 사람은 네가 아니라 난데"라고 하는 것 같아서 괜히 미안했다.

어릴 적 병치레로 엄마의 폐에는 미세한 흔적이 남았는데, 상처는 수십 년이 지나 치명적인 결함으로 재발견되었다. 그 틈으로 이름도 생소한 비결핵성항산균이 자라고 있었던 것이다. 당장에 생명을 위협하는 균은 아니지만 폐가 약한 엄마는 각혈이 주요 증상으로 나타날 가능성이 아주 컸다. 더욱이 이번과 같은 양을 쏟는다는 건 균의 정도를 따지기에 앞서 그 자체로 무척 아찔한 상황이라고, 의사는 말했다. 암은 아니지만 아주 낫는 건 불가능하다는 상황을 우리 가족은 쉽게 이해하지 못했다. 평생 약을 먹으며 균의 성장을 조절하는 수밖에 없고, 그마저도 각혈을 멈추리란 보장은 못 한다. 온통 무시무시한 진단과 처방뿐이었다. 한 번의 운 나쁜 해프닝으로 끝나리라 믿었는데. 한순간에 엄마가 언제라도 피를 왈칵 쏟을 수 있는 사람처럼 느껴졌다. 의사는 이내 "어제는 운이 좋으셨어요"라고 덧붙였지만 그 말은 하지 않는 편이 나았다.

작년에도 비슷한 증상으로 응급실 신세를 졌었지. 그때만 해도 기관지확장증 정도만 의심되어서 안일하게 지냈는데. 그랬던 시간이 후회스러웠다. 이제는 만약으로 예고됐던 약물치료도 불가피하게 됐다. "엄마, 쉽게 생각해. 약만 잘 먹으면 되는 거야." 애써 위로를 건네도 그때뿐. 엄마는 허탈함을 지우려 잠깐씩만 웃을 따름이었다. 무엇보다 약물치료도 바로 시작할 수가 없었다. 약을 감당하기엔 엄마의 몸이 너무나 연약했기 때문이다. 대부분의 약이 그렇듯 엄마가 복용할 약도 하나의 커다란 문제를 해결하기 위해 보통의 많은 부분에 해를 입히는 형태로 제조되었으므로. "이 약을 먹으면요, ○○이 약해지고 ○○가 나빠질 수 있고 ○○하기 힘들 수 있어요." 가장 나쁜 경우의 수를 가장 또렷하게 일러 줘야 하는 의사도 곤욕이겠지. 이미 엄마는 의사의 모든 경고가 실현된 사람의 얼굴을 하고 있었다. 나는 이번엔 울지 않고 의사의 지시를 꼼꼼히 기억하려고 애썼다.

그즈음 본가로 내려가는 주기가 부쩍 짧아졌다. 엄마가 빠른 속도로 불행해지는 게 눈에 선했다. 과연, 엄마는 목울대에 걸리는 작은 가래도 선연한 죽음처럼 의식하고 있었다. 기침 한 번 하지 않고 노을을 바라본 평온한 날에도 안심을 모르고 밤새 뒤척이기 일쑤였다.

"자다가 그대로 죽어 버리진 않을까 너무 무서워······."

등 뒤로 들려온 엄마의 고백은 내게 너무 잔인했다. 그 순간에도 엄마에게 제 현실을 감당하는 일이 얼마나 어려운지를 헤아리려 하기보다 엄마의 나약함이 나에게 스며들 것을 경계하는 내가 보였다. 엄마의 팔뚝이나 다리만큼이나 흐물흐물한 마음이 잡힐 듯 그려졌다. 다시 명랑하고 억척스러운 엄마로 되돌려 놓고 싶었다.

옆에서 지켜본 엄마는 공포로 밤잠을 설치느라 한낮을 잃어 갔다. 까무룩 낮잠에 빠져 있다 보면 체력단련도 자연스레 미뤄졌다. 내가 없어도 엄마를 쉬이 밤으로 인도할 무언가가 절실했다. 듣기 좋은 위로나 다정한 염려도 반복되면 염증이 날 터였다. 오히려 그런 말은 엄마를 계속 환자로만 머무르게 할 뿐이니까. 초저녁부터 눈을 감고 잠이 들길 기다리는 대신, 엄마가 단 얼마간이라도 자신과 대화할 시간을 가지면 좋을 것 같았다.

이를 테면 일기장을 펼치는 엄마라면 어떨까. 글은 자신을 알아보게 하는 힘이 있으니까, 내내 아픈 생각으로 채운 것 같은 하루라도 허공을 응시한 채 물끄러미 복기하다 보면 의외의 순간들이 지나가기 마련이다. 오랜만에 감자 샌드위치를 만들면서 오래전 딸과의 소풍을 떠올렸던 점심, 테라스에 마련해 둔 동네고양이 집에다 새 수건을 깔아 놓고선 어서 찾아오기만을 기다렸던 오후의 풍경 같은 것들 말이다. 그리고 일기장은 누구도 건네지 않는 말을 걸며 엄마를 솔직한 내면으로 인도할 것이다. 일기장의 안내에 따라 짧은 산책을 하고 나면 엄마의 하루에 어느새 새로운 길 하나가 나 있겠지.

생애 첫 일기 쓰기 전도는 그렇게 시작됐다. 언젠가 여행지에서 사 놓고선 마냥 아껴 둔 노트 한 권을 엄마에게 건네며 말했다.

"엄마, 잠이 안 오면 일기를 한번 써 보는 건 어때?"

엄마에게 괜한 부담을 주는 건 아닐까 걱정이 돼서 써도 그만, 안 써도 그만인 것처럼 말했다. 마트에서 계산을 하고 터치패드에 서명하는 찰나에도 까닭 없이 머뭇거리는 엄마여서, 은행이나 휴대폰 판매점 등에서 간단한 신상명세를 쓸 때에도 보란 듯이 나를 불러 대신 펜을 쥐게 하는 엄마니까. 일기장을 전하고 돌아온 날, 나는 엄마의 심정을 알 길이 없어 무참한 기분이 들었다.

그러나 꼭 자신처럼 은근히 집요하고 악착같은 딸을 낳은 엄마는 겨울이 다 저물기도 전에 내가 선물한 노트를 살뜰하게 써 버리는 기적을 보여 주었다. 그러고는 다이소에서 분홍색 스프링 노트 한 권을 샀다고 대뜸 전화를 걸어 자랑하기까지 했다. 목소리엔 묘한 뿌듯함이 섞여 있었다. 물론 새 일기장은 개중에서 가장 두껍고 가장 값이 싼 것일 터였다. 나는 이참에 엄마가 절대로 제 돈을 주고 살 일이 없는, 그러나 시나브로 일기인간으로 살아갈 것이 자명한 엄마를 위해 작은 선물을 준비했다.

필통을 대신할 연분홍색 주머니, 필기감이 좋은 펜 한 자루와 12색 색연필, 꾸밈용 스티커들을 바구니에 담았던 그날을 잊지 못한다. "일기도 템빨이야." 엄마가 알아듣지 못할 말을 하며 핫트랙스 종이봉투를 건넸다. 오랜만에 엄마의 손을 잡는데 사뭇 다른 기분이 들었다. 매끼마다 밥물을 재는 손으로, 매일같이 서너 개의 약봉지를 뜯는 손으로 이제 펜도 쥐었을 생각을 하니 코끝이 시큰했다. 어쩌면 우리가 같은 시간에 일기를 쓰고 잠이 든 날도 있었을 것이다.

처음은 이랬을 것이다. 내게 괜한 거짓말을 하기 싫어서 첫 일기를 썼겠지. 불쑥 당진에 온 내가 일기장 검사라도 해보자고 하면 낭패니까. 나라면 그러고도 남을 애니까. 어제의 기록이 하나둘씩 쌓일수록 내일도 살아서 눈을 뜨리라는 믿음이 자라났을 것이다. 아직은 죽기 싫다는, 가장 단출한 바람 하나만을 쓰고 또 썼겠지. 몇 날 며칠 삶을 향한 본능적인 집착만을 쓰다가 지겨워질 즈음, 문득 비집고 들어오는 하루의 어떤 장면이 떠올랐을 것이다. 환갑이 넘은 이모의 퇴근길에 나눈 긴 통화, 동네고양이 가족에게 내놓은 생선을 낯선 들개가 먹어치운 허탈한 오후, 웬 칡을 한 바구니나 캐 온 아빠와 씨름하며 종일 칡차를 달인 주말, 외할머니 생각이 나

몰래 울었던 새벽, 너무 많은 새벽……. 점차 무엇이든 쓰지 않고서는 지나치기 아쉬운 밤들이 늘어났을 것이다. 착실히 모인 일기는 활자근육이 되어 때때로 끊어지고 굽어지는 엄마의 마음을 보호해 주리라, 나는 믿지 않을 수 없다.

그해 겨울, 엄마는 일기를 쓰기 시작했다. 이듬해 봄, 나는 좋은 일기 동지 한 명을 얻었다.

🖋 2017년, 스물여덟, 12월 10일

엄마가 응급실에 실려 온 주말. 입원 수속과 각종 검사로 금식 중인 엄마를 뒤로하고 아빠와 병원 앞 식당에서 만둣국을 먹었다. 아빠는 밑반찬으로 나온 깍두기를 먹으며 "네 엄마가 담근 것만 못하다"라고 말했다. 엄마가 담근 깍두기의 맛을 나는 구분하지 못한다. 30년 가까이 함께 살고 있는 아빠만이 알아차릴 수 있는 거라고 나는 생각했다. 적어도 내 눈에, 아빠는 금방이라도 무너질 것 같은 얼굴이었다. 평소처럼 소주 한 병을 시키고도 아빠답지 않게 반병이나 남겼다.

계산을 하려는데 식당 아주머니가 말을 건넸다. "어제도 오늘도 만둣국만 드시네. 우리 집 다른 메뉴도 정말 맛있어요." 목 끝까지, 이곳에서 또다시 밥 먹을 일은 일어나지 않았으면 좋겠다는 말이 차올랐지만 애써 삼키고 웃으며 돌아섰다.

일기 쓰고 앉아 있네, 혜은

병실로 돌아가서 엄마와 이야기를 나눴다. 비치된 인테리어 잡지를 보면서 엄마는 나의 신혼집을 구상했다. 당신이 없으면 궁상맞게 살 내 모습을 걱정했다. 나는 덜컥 결혼도 하고, 애도 낳을 거라고 약속했다. 그 순간은 분명 진심이었다. 엄마는 그제야 환하게 웃었다.

눈물이 날 것 같아 고개를 돌렸는데, 맞은편 침대의 할머니가 휠체어를 끌고 문밖으로 나가기 위해 숨을 고르고 있었다. 열린 문 틈 사이로 휠체어 바퀴 반 틈과, 휠체어의 손잡이를 잡고 있는 할머니의 주름진 손등이 보였다. 병실에서는 어느 곳으로 시선을 돌려도 코끝이 찡해진다.

〈겨울에서 봄, 엄마의 일기〉

✿ **2018년 11월 30일**

혜은이가 일기장을 사 주었다. 작은언니가 일기는 좋은 습관이라면서 열심히 쓰라고 했다. 혜은이랑 오전에 구제옷 쇼핑을 하고 점심을 먹고 즐거운 하루를 보냈다. 행복했다.

✿ **2018년 12월 11일**

오늘 날씨가 매우 흐리다. 술 한 잔 마시고 싶은 날씨다. 음악을 들으며 청소를 하고 테라스에 앉아 먼 산을 보고 있으니 엄마가 보고 싶다. 아버지도……. 내가 죽으면 우리 엄마 아빠 다 볼 수 있을까? 왜 그때는 그렇게 아버지를 미워했을까? 지금 너무 후회스럽다. 우리 딸은 나처럼 후회 안 했으면 좋겠다.

✿ 2018년 12월 12일

아침 먹고 청소하고 은행 가서 세금 내고 마트에서 돼지고기, 두부 사 가지고 집에 왔다. 사는 게 재미없다. 매일 반복되는 일상. 청소 밥 빨래. 어디 가서 혼자 있다 오고 싶다. 나만 이렇게 사나. 괜히 외로워진다. 슬프기도 하고.

✿ 2018년 12월 14일

오늘 날씨 맑음. 햇빛 좋고 기분도 오케이. 아침 먹고 청소하고 테라스에 앉아서 차 마시면서 음악을 듣고 있자니 옛 추억이 떠오른다. 우리 딸 어릴 적 생각난다. 그때는 참 예뻤는데 지금 생각해 보면 그때가 제일 행복했을 때다. 엄마도 아버지도 큰오빠도 다 계셨으니까. 세월 참 허무하다. 어느새 내 나이 60세라니. 우리 딸은 시집 갈 생각을 안 한다. 엄마 아빠 애타는 줄도 모르고. 참으로 큰 걱정이다.

일기 쓰고 앉아 있네, 혜은

🌸 **2018년 12월 15일**

요새는 날씨가 계속 맑다. 그래서 행복하다. 햇빛만 봐도 웃음이 난다. 작은 풀, 돌멩이 하나가 다 소중하다. 예전에는 느끼지 못한 그런 마음 그런 기분. 아니, 그때 알았다고 해도 못 느꼈을 것이다. 지금 나이가 아니라 그랬겠지. 그래, 세월이 흘러서 모진 비바람과 폭풍을 겪어서 많은 생각을 하고 후회를 하며 산다. 우리 딸이 목감기 걸려서 많이 아프다고 한다. 그래서 마음이 아프다. 내가 해 줄 수 있는 게 하나도 없다. 우리 딸은 일산, 난 당진. 너무 멀다. 내년에 결혼하면 참 좋을 텐데. 결혼할 생각을 안 한다. 너무 똑똑해서.

🌸 **2019년 1월 2일**

아침도 안 먹고 계속 잠만 자다가 배가 고파서 시간을 보니 11시가 넘었다. 일어나 씻고 점심을 먹고 멍하니 있다 보니 벌써 저녁 준비할 시간이 되었다. 혜은이한테 전화가 왔다. 3월달에 독일에 가고 싶다고, 자기가 모은 돈으로 다시 독일에 간다고 한다. 고민이다. 나는 지금 혜은이한테 여행 갈 때 줄 돈이 없다. 안 줘도 된다고 하지만 엄마인 나는 걱정이 된다. 큰 고민이 된다. 내 자신이 너무 초라하고 싫다. 능력 있는 엄마 만났으면 잘해 줬을 텐데.

🌸 2019년 1월 16일

문득 허무하고 슬프고 외롭다. 어떡하지.

🌸 2019년 2월 8일

내가 지금 아픈 건 세상을 살면서 이런저런 이유로 상대방의 마음을 아프고 슬프게 한 적이 많아서다. 그래서 내가 지금 이 고생을 하는 것 같다. 우리 엄마 마음 아프게 많이 고생 시키고 속도 아프게 해서 그 죄를 받나 보다. 엄마가 제일 보고 싶다. 우리 엄마.

🌸 2019년 2월 16일

며칠 전에 남편하고 메주를 깨끗이 씻어서 된장을 담았다. 기분이 좋았다. 남편하고 청소도 하고 마당도 정리하고 장독을 보는데 장독 안에 숯이 없었다. 남편보고 내일 아침 일찍 사 와서 넣어 두라고 했다. 매년 장 담그는 일을 하면서 왜 꼭 하나씩 깜빡하게 되는지. 나이는 못 속인다. 오늘도 운동을 하며 장항아리를 보며 행복하다. 독을 닦으며 맛난 장이 되어 주세요, 하고 기도한다. 고추장도 담가야 하는데 아직 용기가 부족하다. 된장은 5년 동안 한 번도 거르지 않고 담가 한 해 한 해 맛이 좋아진다. 된장은 이제 자신 있다. 앞으로는 고추장에도 도전할 것이다.

🌸 2019년 3월 9일

4박 5일 동안 혜은이가 집에 와서 쉬고 갔다. 쉬는 동안 공기 청정기도 사 주고 천안에 가서 맛있는 점심, 빵까지 사 주었다. 다시 생각해도 너무 재미있었던 시간이다. 이렇게 행복하고 좋은데 갑자기 우리 엄마가 생각난다. 너무 보고 싶다. 우리 엄마가 있을 때에는 내가 살기 힘들어서 맛있는 것도 제대로 못 사다 줬는데 너무 한이 된다. 지금 살아계신다면 돈도 드리고 맛난 것도 사드리고 다 할 수 있는데. 너무 가슴이 아프다. 엄마는 나를 위해 뭐든지 다 해 줬는데. 나는 사는 게 힘들어서 내 생각만 하고 엄마 마음을 이해하지 못했다. 내 자신이 너무 한심하고 후회가 밀려온다. 아버지도 지금까지 살아계셨더라면 혜은이를 참 예뻐했을 것이다. 책을 좋아하고 글을 쓰는 일까지 혜은이는 아버지랑 너무 똑 닮았다. 내 서툰 행동을 지적하는 말투도 어쩜 그리 똑같은지.

🌸 2019년 3월 22일

오늘은 피검사를 하고 CT촬영을 했다. 결과는 매우 만족스러웠다. 나는 혜은이하고 광화문 호텔로 직행! 짐을 풀고 동대문에 가서 녹두전이랑 떡갈비를 먹었다. 동대문에서 쇼핑도 하고 명동 가서 칼국수를 먹고 남산 케이블카를 타고 야경 구경도 했다. 서울 야경이 참 장관이다. 너무 멋있고 아름다웠다. 참 행복한 순간이다. 나만 너무 행복한 것 같아 마음이 조금 그렇다.

2박 3일이 금방 지나갔다. 다시 집에 와 밥, 반찬, 빨래, 청소……. 평범한 주부의 일상이 시작됐다. 그런데 왠지 너무 편안하다. 나 스스로 번 돈으로 2박 3일을 썼다면 참 좋았을 걸. 혜은이가 힘들게 번 돈을 쓴 게 조금 걸린다. 그런데 자꾸 이런 말을 하면 혜은이가 싫어한다. 그냥 고맙다고, 행복했다고 말해야지.

🌸 **2019년 4월 2일**

오늘은 혜은이하고 아침 먹고 아미산까지 가서 운동 조금 하고 카페에서 차 마시고 와플을 먹었다. 너무 맛있고 행복했다. 혜은이가 가져온 책도 너무 재미있었다. 이렇게 혜은이하고 놀고 운동하고 책도 같이 보고 공감하면서 이야기하는 게 행복이지. 인생이 뭐 별건가.

매일 뭐하고 싶다, 꿈꾸고 상상하는 것도 다 부질없다. 허무하다. 내 자신을 원망 아닌 원망하면서 이렇게 사는 거 정말 싫다고만 생각했는데, 지금 내 마음은 현실에 만족하면서 지내는 것에 행복을 느낀다. 여기서 더 욕심내면 안 돼. 우리 세 식구 건강하고 각자 하는 일을 열심히 하면 된다. 다만 약을 열심히 먹고 다 나으면 혼자 여행할 거다. 꼭.

우리가 서로의 일기를 읽을 수 있다면

요즘은 어디를 접속해도 누군가의 하루를, 누구의 기분이나 생각을 쉽게 알아볼 수 있다. 많은 이들이 글을 쓰고 있고(쓰려 하고) 또 그것이 충분히 공유되기를 바라는 덕분이다. 일면식도 없는 사람의 계정을 '팔로우'하고 피드를 둘러보다 보면 어느 순간 친근하게 느껴지기도 한다. 혹시나 길에서 마주치면 인사라도 하게 될까 두렵다.

그럴 때면 정지우 작가의 글을 떠올린다. 그는 작금을 "모두가 작가가 되어 가는 시대"라고 썼는데 그 말이 참 좋았다. "모든 사람이 서로의 작가이자 독자가 되어 주는 시대야말로 그렇지 않은 시대보다 더 인간다운 시대"라고 덧붙인 말에선 어떤 풍경 하나가 그려지기도 했다. 말과 글로 촘촘하게 짜인, 부딪혀도 다치지 않을 만큼 유연하고 넓은 울타리가 세워진 들판. 그곳에서 우리가 서로에게 작가이자 독자인 셈이라니, 가슴이 꽉 차는 느낌이 들었다.

꼭 작가가 아니라도 우리 각자에겐 저마다의 독자가 필요하다는 생각을 한 적 있다. 내가 하는 말에 언제라도 귀 기울여 줄, 나를 이해해 가며 끈기 있게 지켜봐 줄 사려 깊은 존재로서의 독자 말이다. 오늘날 '모두'씩이나 작가가 되어 간다는 것도 이해 없는 세상에서 더는 몰이해한 존재로 남고 싶지 않다는 욕구를 방증하는 게 아닐까 싶었다. 그러기 위해선 자신을 오롯이 내보인다는 전제가 필요할 텐데, 나는 오랜 친구나 애인 앞에서도, 취향이 꼭 맞는 동료나 곧잘 기대곤 했던 선배에게도 속을 몽땅 뒤집어 보이는 게 쉽지 않았다. 가족은 더더욱 어려웠다.

어디에서도 환영받지 못한다는 생각이 들거나 마음속을 떠도는 나약한 생각만 서둘러 건져 올리게 될 때, 일기를 쓰면서 '나'라는 독자를 갖게 되었다. 일기를 쓰면 쓸수록 작가를 향한 독자의 이해도는 점점 더 높아졌다. 이 독자는 어제는 작가를 신랄하게 비난했어도 오늘은 미안하다고, 심지어는 사랑한다고까지 말하며 사과할 수 있었다. 작가 또한 독자와 적극적으로 울고 웃으면서 매일 제 하루를 있는 그대로 써내는 데에 익숙해져 갔다. 그럴수록 일기장이 주는 안도를, 나의 부끄러움을 마주하는 용기를, 내가 사랑하는 사람과도 나눌 수 있다면 얼마나 좋을까 생각했다.

엄마의 일기장을 훔쳐보았을 때, 처음엔 내가 모르는 엄마가 너무 많아 당황스러웠다. 돌이켜보면 다행인 일이었다. 일기장에도 내가 아는 엄마만 수두룩했다면 나는 '역시 그렇군' 하고 엄마를 평소처럼 시시한 눈으로 바라봤을지도 모르니까.

깊은 밤, 골똘함에 잠기는 엄마는 한 번도 본 적 없는 장면이다. 그런 엄마를 상상할 수 있는 사람도 내가 아는 한 그녀 주변에 아마 없을 것이기에, 엄마도 자신만의 독자와 대화하는 시간이 못내 소중하지 않았을까 짐작해 본다.

신기하게도 일기장을 읽고 나서 엄마를 섬세하게 대하게 되었다. 엄마의 몸 상태가 아닌 기분이 더 궁금해졌고, 혹시라도 엄마가 하루 끝에서 '결국 다 똑같은 나날'이라고 생각하지 않도록 오늘은 무얼 했는지 매일 물었다. 그러면 엄마는 생각하기를 지겨워하면서도 결국 매번 다른 이야기를 들려주었다. 그런 날들이 엄마의 일기장에 차곡차곡 더해지고 있으리라 나는 믿고 있다.

엄마의 어떤 부분은 영영 이해하지 못할 거라고 생각했는데, 단지 내게 그런 기회가 없었을 뿐이라는 걸 이제는 안다. 언제까지고 비겁하게 일기장에 기대어 엄마를 들여다보겠다는 얘기가 아니다. 다만 엄마를 또 섣불리 판단하고 싶어질 때 엄마의 일기장을 떠올리며 겸손한 시선을 되찾을 수 있겠지.

한편, 나의 공유 일기장 더 레코드 채팅방의 주인이기도 한 L은 다른 사람의 일기를 보면서 내일의 기운을 차렸다. 그녀는 말했다. "사람은 참 누군가의 불행에 쉽게 동요되면서도 위로받고 또 살 힘을 얻는 것 같아요."

TV나 SNS 속에는 같은 하늘 아래 있어도 마치 딴 세상에 살고 있는 듯한 사람들투성인데, 누군가 나와 같은 시간 속에서 나름대로 애쓰고 있음을 확인하는 것만으로도 힘이 된다는 것이었다. 그러자 일기가 서로의 한계와 삶의 태도를 알 수 있는 가장 진실한 단서처럼 느껴졌다.

다른 사람도 내가 훔쳐볼 수 없는 일기장을 갖고 있다 생각하면 마음이 조금 너그러워진다. 내가 만약 당신의 일기를 읽는다면, 적어도 당신을 쉽게 오해하거나 오독하는 일은 없을 거라는 확신이 든다. L이 덧붙인 말이 내 생각에 힘을 실어주었다. 우리의 인연은 베를린에서 시작되었는데, 당시 베를린에 거주 중이던 그녀는 웬 장기 여행자가 블로그에 매일같이 남기는 여행기를 발견하고선 한 달이나 지켜봤다고 했다.

"이런 일기를 쓰는 사람이라면 만나 봐도 되겠다 하는 마음이 들어서 연락한 거예요."

그 고마운 알은체는 베를린에서 외로움으로 흐릿해져 가던 나를 선명하게 만들어 주었다. 그리고 우리는 지금 일기만큼이나 내밀한 자신이 담겨 있는 글을 스스럼 없이 나누는 사이가 되어 있다.

불특정 다수에게 보이는 일기든, 그렇지 않은 일기든 일기는 세계와 연결되어 있다는 감각을 심어 준다. 오해받기 싫은 간절함, 더 이해하고 싶다는 의지가 나도 모르게 스며들기 때문이다.

엄마의 일기를 보았다고 실토했을 때, 심지어 그것을 내가 쓰려는 책에 몇 개(실은 많이) 옮겨도 되겠냐고 물었을 때 엄마는 아주 잠깐을 고민했을 뿐, 흔쾌히 그러라고 했다. "그렇게 해서 책 한 권이라도 더 팔린다면……."

농담처럼 말했지만 엄마는 정말 무슨 생각이었을까? 마음이 넘칠 듯 말 듯 참방거려 쏟아 낸 일기를 선뜻 공개할 수 있는 용기가 엄마에게 있었다니, 나는 한 번 더 놀랐다. 엄마도 한번쯤은 자기 자신이 아닌 독자를, 그러나 자신처럼 꼭 공감해 줄 독자를 만나고 싶었을까?

나는 혼자만 엄마의 일기를 본 게 괜히 미안해서 우리가 함께 살 때 내 일기를 몰래 본 적 있는지 짓궂게 물었다. 공부는 뒷전이고 극성맞고 유난한 딸애가 일기만은 열심히 쓰는데 궁금한 적이 없었을까 싶었다. 엄마는 없다고 딱 잡아떼면서도 슬그머니 어떤 기억을 불러왔다. 그날의 통화는 최근에 엄마와 나눈 대화 중 가장 인상적인 것으로 남아 있다.

"하루는 너 학교 가고 네 방을 청소하는데, 그날따라 일기장이 안 꽂혀 있고 컴퓨터 옆에 있는 거야. 책갈피였는지 볼펜이었는지 하여간 중간쯤에 뭔가가 끼어 있는 채로 말이야. 그래서 그 부분을 슬쩍 들춰봤지. 근데 차마 못 읽겠어서 그대로 덮었어. 정말이야. 그리고 끝이야. 한 번도 없었어."

"아니 기껏 펼쳐 놓고 왜 안 봤는데? 내가 무슨 생각하고 사는지 궁금하지 않았어?"

"몰라, 마음이 안 내키더라. 그리고 이상하게 나중에, 시간이 많이 흐르면 네가 알아서 보여 주지 않을까 하는 생각이 있기도 했어."

"뭐? 일기를 보여 주는 사람이 어디 있어? 그것도 가족한테?"

"그냥, 나는 네가 언젠가 그 커다란 일기장에 대한 이야기를 들려줄 것만 같았어. 그런데 결국 그렇게 됐잖니?"

이 책을 읽고 나면 엄마는 나를 구체적으로 이해하게 될까? 13년 전에는 도통 속을 알 수 없었던 딸을 이제 조금은 알 것도 같을까? 어떻게 먹고 지내는지 걱정돼 전화를 해도 "알아서 잘하고 있어"라는 말만 돌아와서 서운했던 마음을 달랠 수 있을까? 꼭 그렇지 않아도 좋으니 엄마가 오늘도 일기를 쓰다 잠이 들면 좋겠다.

심보선 시인의 〈나는 이제 시인이 아니랍니다〉라는 시에는 이런 구절이 등장한다.

하지만 나는 압니다.
오늘 밤 이 세상에서 한 사람은 반드시 시인입니다.
오늘 밤 누군가가 시를 쓰고 있다면
그것으로 충분합니다.

'시'가 있는 자리에 '일기'를 넣어 본다. 내가 일기를 거르고 자는 밤에도 누군가는 일기를 쓰고 있겠지. 자신을 잊지 않기 위해 일기를 쓰는 사람이라면, 언젠가 타자의 일기와도 반드시 맞닿게 될 것만 같다.

오랫동안 일기를 쓰면서 '알아지는 나'가 참 많았는데, 나를 '알아봐 준 사람들'이 있었기에 가능한 일이었음을 뒤늦게 깨닫는다. 내게 일기의 맛을 알려 준, 당신의 일기를 읽고 싶은 밤이다.

남은 이야기

2019년 10월 16일, 혜은

글
/
이미화
작가, 영화책방 35mm 운영

혜은이 내 하루치 분량의 삶에 동행하고 싶다고 했던 때는, 내가 아침과 저녁, 합정과 답십리로 두 번의 출퇴근을 하던 때였다. 공간만 꾸리면 장사는 그냥 되는 줄 알던 시기가 지나고 매달 월세와의 사투를 벌이던 어느 날, 친구가 문을 연 합정의 카페에서 투 잡을 시작했더랬다. 낮에는 카페에서 커피를 내리고, 퇴근과 동시에 나의 작은 책방으로의 두 번째 출근이 이어지는 일상을 보내던 중이었다.＊

아무리 일기 인생 14년 차 혜은이라지만, 출근 – 퇴출근 – 퇴근이 전부인 내 하루에서 의미 있는 장면이나 문장을 건져 올리긴 힘들 거라고 생각했다. 그저 월세를 감당하느라 일을 늘린 것뿐인 내 일상이 기록할 만한 가치가 있을지 걱정이 되었다. 더 솔직한 심정으로는 다른 이의 글에 담길 민낯의 이미화를 볼 자신이 없었다. 나를 긍정하는 것도, 부정하는 것도 오로지 내 몫이길 바라며 살아왔기 때문이다.

혜은은 출근길부터 함께하겠다며 일산에서 두 시간이 걸려 내 집 앞까지 찾아왔다. 나는 한술 더 떠 그럴 바엔 전날 우리 집에서 자고 같이 출발하자고 했었는데 그건 또 싫다고 했

＊ '보내던 중이었다'고 쓴 이유는 첫째, 당시 몸을 혹사시킨 죄로 골반 디스크라는 벌을 받아 현재는 합정으로 일주일에 단 하루만 출근하기 때문이며 둘째, 바지런한 혜은과 달리 쉽게 내일을 믿어 버리는 이미화는 자주 원고를 미루기 때문이다. 이 일기를 쓰고 있는 현재는, 혜은과 꼬박 하루를 함께 보낸 날로부터 무려 5개월이 지난 3월이다.

일기 쓰고 앉아 있네, 혜은

다. 그러니까 혜은의 하루는 나보다 두 시간이나 먼저 시작된 셈이었다. 다른 이의 일기를 쓰기 위해 평소보다 일찍 아침을 여는 이의 마음을, 나는 짐작하기 어려웠다. 그럴 만큼 특별한 출근길이 아니랍니다, 말해도 소용없었다. 일기 14년 차에겐 꼼짝없이 누워 보낸 하루도 지나칠 게 없답니다, 하는 우쭐한 얼굴로 단호박 에너지바를 건네는 혜은과 출근길에 올랐다.

혜은은 기다리는 시간 없이 바로 전철에 올라탈 때마다 "럭키~" 하고 말했다. 고요한 호수에 퐁당 돌멩이를 던지듯 혜은의 "럭키~"는 자꾸 내 마음에 물결을 만들었다. 이게 뭐라고, 혜은의 말에 나까지 기다리지 않고 전철에 탈 수 있다는 사실이 행운처럼 느껴졌다.

언젠가 '너처럼 차가운 사람은 에세이를 쓰지 않았으면 좋겠다'는 말을 들은 적이 있었다. 뜨거워야만 진심이라고 생각하는 사람에게서였다. 그의 말은 오랜 시간 나를 괴롭혔다. 정량의 문제가 아니라 정성의 문제라면 어디서부터 어떻게 고쳐야 하는 건지 막막했다. 그런 내게 혜은은 자주 이렇게 말했다.

"이런 말을 하는 언니가 차가운 사람일 리 없어요."

난 차가운 사람은 아니지만 혜은보다 온도가 낮은 사람이라는 건 부정할 수 없다. 가끔 혜은의 밑도 끝도 없는 따뜻함이 의아했던 적이 있었는데, 도처에 깔린 작지만 소중한 조각들을 차곡차곡 모으는 사람이기 때문이었다는 걸, 그 출근길에 나는 알 수 있었다. 동시에 나는 안심했다. 그저 반복될 뿐인 자신의 매일매일에도 공들여 일기를 쓰는 사람이 다른 이가 살아 낸 하루를 쉬이 여기지 않을 거라는 믿음에서였다.

카페에서는 평소와 별다름 없이 하루가 지나갔다. 손님이 오면 커피를 내리고, 쉬는 틈엔 글을 썼다. 사이사이 혜은과 수다도 빠뜨리지 않았다. 거의 매일 연락을 주고받으면서도 몇 달 만에 만나는 사람처럼 대화를 이어가는 게 어제오늘 일이 아니었다. 우리는 초고와 퇴고 사이에서 자주 길을 잃었고, 서로의 이정표가 되어 주기 위해, 때론 글로 벌어먹고 사는 일의 짧은 기쁨과 긴 좌절감을 나누기 위해 대화창을 열곤 했다.

전철과 버스를 갈아타야 하는 두 번째 출근길에서도 혜은의 "럭키~"는 계속되었다. 기다리는 것에도, 기다리지 않는 것에도 별다른 의미를 부여하지 않는 내겐, 혜은과 함께하는 출퇴근길이 럭키라면 럭키였다.

3년 전, 독일 드레스덴에서 처음 만난 혜은은 단어를 고르는 사람이었다. 당신에게 절대 말실수를 하지 않겠어요, 다짐한 사람처럼 보였다. 무례를 범하지 않으려는 사람의, 가까워지기도 멀어지기도 애매한 거리감이 혜은에게서 느껴졌다. 당시 한국인 여행객이 갖는 나를 향한 호기심은 베를린 일정이 끝남과 동시에 사라졌기에, 혜은과의 만남도 일회성일 거라 생각했던 것 같다. 하지만 혜은은 여행이 끝난 이후에도 꾸준히 안부를 전해 왔다. 내가 한국으로 돌아온 후에 먼저 나를 찾아와 준 것도 혜은이었다.

두 번째 출근까지 무사히 마친 우리는 책방에 앉아 맥주 한 캔을 들이켰다. 오늘은 혼자가 아니니까. 나는 조금 방심할 수 있었다. 책방의 평일 운영시간은 저녁 7시부터 밤 10시. 인적 드문 골목길에서 속이 훤히 들여다보이는 책방을 혼자 지키는 일은, 나를 지키는 일처럼 느껴졌다. 언제 올지 모를 손님을 기다리다 후다닥 문을 잠그고 집으로 돌아가는 길엔 공허해지기도 했다. 나는 무얼 위해 매일 두 번의 출퇴근을 반복하는 걸까.

맥주를 마시고 신나게 수다를 떨고 나니 어느덧 책방도 문 닫을 시간이 되어 있었다. 모든 직장인이 그렇듯 나도 출근길에 대해선 할 말이 없지만, 퇴근길이라면 이야기가 달랐다. 책방에서 집으로 걸어가는 길에 혜은에게 보여 주고 싶은 것들이 많았다. 다리 위에서 보는 야경이 얼마나 근사한지, 집과 책방을 오가며 몇 개의 계절을 건넜는지를, 그리고 어두운 밤 홀로 걷는 다리 위에서 얼마나 많은 이들의 안부를 묻고 싶었는지도 알려 주고 싶었다.

'별 볼일 없는 오늘이 쌓이면 정말 내일이 될까? 어차피 내일도 오늘이 되어 버리는데. 오늘의 반복일 뿐인데. 이렇게 퇴근 후 다시 출근을 하는 일상이 쌓여서 도대체 언제가 되는 걸까' 생각하며 다리 위에서 숨죽여 울던 날도 있었다고, 나는 보통 이런 생각을 하며 걸어가요, 하고 말해 주고 싶었다.

혜은을 아침에 만났던 역으로 데려다주고 나서야 집으로 들어섰다. 도착하자마자 종일 긴장되었던 몸을 뜨거운 샤워로 풀어 준 뒤 언제나 그렇듯 노트북 앞에 앉았다. 프리랜서 글 노동자로서 외주 원고를 작성하기 위해서였다. 물론 본격적으로 작업에 들어가기 전에 혜은과 얼마간의 메신저 수다를 나눠야 하지만, 이날만큼은 혜은의 퇴근길을 방해하지 않기로 했다.

두 시간이 걸려 집에 도착한 혜은의 일기는 어떻게 시작되었을까. 혜은의 일기 속 미화는 어떤 심정으로 하루를 살아냈을까. 또 미화의 하루를 살아 본 혜은은 미화를 조금은 더 알게 되었다고 생각했을까.

혜은은 아마 몇 시간이고 앉아 미화의 일기를 써 내려갔을 거다. 매일 최선을 다해 살 수 없는 미화를 대신해, 최선을 다해 미화의 일기를, 혜은은 써 내려갔을 거다.

서른하나, 후일담, 일기

퇴고를 마치고 한숨 돌릴 즈음, 어떤책 대표님이 내게 물었다. "작가 후기 쓰실 거죠, 작가님?" 그 말엔 익숙한 구석이 하나도 없었다. 아직 작가가 아닌 것 같기도 하거니와 (작가는 언제 되는 걸까?) '후기'를 쓸 만큼 지금까지의 이야기와 나 사이의 거리가 충분히 멀어지지 않았기 때문이다. 이 글을 쓰기 직전에도 추가 교정을 보았다. 프롤로그는 몇 번이고 퇴고한 흔적이 역력했지만 에필로그엔 퇴고가 끼어들 충분한 여유가 없을 터였다.

　모처럼 빈 문서 앞에서 오래 망설이다 보니 피곤했다. 오늦은 일기나 쓰고 잘까. 에필로그는 좀 미뤄도 괜찮겠지. 게으른 생각이 머리를 스쳤다. 그사이 애인에게 뭐하길래 답장이 없느냐고 문자가 왔다. 나는 에필로그를 영어로 타이핑하다가 그가 바로 알아들을 수 있도록 한자사전을 찾았다. 그래, 후일담後日譚이라는 말이 있었지. 왠지 에필로그보다는 가벼운, 한결 편안하고 부드러운 느낌이 들었다.

후일담이란 뭔가. '어떤 사실과 관련하여 그 후에 벌어진 경과에 대한 이야기'라고 사전은 풀어놓았다. 아니 이건……나는 살짝 탄식했다. 후일담이야말로 일기가 아니면 무어냐고, 그러니까 에필로그야말로 일기 그 자체라는 생각이 든 것이다! 나에게 일기가 무엇인지, 그동안 어떤 마음으로 일기를 썼는지 늘어놓느라 목이며 어깨에 잔뜩 힘이 들어가고 말았는데 에필로그에 다다라서야 일기를 쓰는 밤처럼 마음이 가벼워진다. 이제 진짜 끝이라는 안도와 아쉬움, 자고 나면 어쨌든 새로운 날이 시작되리라는 귀찮은 설렘 같은 것이 한꺼번에 밀려온다. 하루치의 후일담이라면 5분도 안 걸려 쓰고말 텐데, 약 1년 치의 시간을 더듬으려니 버퍼링이 걸린다.

어수선한 기억 사이로 어떤 인터뷰 한 토막이 고개를 내민다. 작업 막바지, 한참 원고가 잘 안 써질 때에 읽은 배우 윤여정의 인터뷰였다. 건강하고 명랑한 기운이 바닥날 즈음에 마주친 이야기는 나를 마침내 탈고로 인도해 주었다.

"어떤 식으로든 최선이 보였으면 좋겠어. 처음 만났을 때의 떨림을 죽을 때까지 유지하고 싶어. 브로드웨이에서도 첫 공연 티켓이 가장 비싸요. 떨림과 최선이 있으니 그런 것 아니겠어요?"

책을 쓰는 모든 시간은 미덥지 못한 나를 인정하는 동시에, 쓰고 싶다는 마음이 이리저리 뛰어다니는 걸 망연히 바라보는 순간의 연속이었다. 매일 새롭게 불완전해지는 나를 데리고 여기까지 올 수 있었던 것은 결국 처음의 간절함을 잊지 않았기 때문이리라. 그러니 지금으로선 이것이 나의 최선이라고 말할 수밖에 없다. 이 책이 내 일기장의 브로드웨이 데뷔 무대나 다름없게 느껴진다.

마지막으로 책을 쓰고 얻은 뜻밖의 기쁨을 고백하고 싶다. 종종 일기장을 펼치기 전에 '저걸 언제 태우면 좋을까' 고민하며 펜을 들곤 했는데, 더는 그러지 않게 되었다. 이건 내게 10년 넘게 일기를 쓰고 있다는 사실보다, 그 이야기가 책으로 만들어졌다는 사실보다 훨씬 더 고무적인 일이다.

일기에 대한 내 사랑이 이토록 진했음을 깨달을 수 있도록 기회를 주신 어떤책 대표님께 깊이깊이 감사드린다. 내 일기장의 두 번째 독자가 되어 준 대표님에게는 특별한 부끄러움이 남아 있다.

귀한 시간을 내어 이 책을 펼친 독자분들께는 오래오래 감사한 마음만 전하고 싶다. 여러분은 이미 제 일기의 일부가 되었다. 그 생각을 하니 내일을 더 잘 살아 보고 싶어진다.

매일 일기를 쓰고 하루를 닫았듯 후일담을 쓰고 이 책을 닫는다.

2020년 4월 19일 일요일
곡우穀雨의 새벽에 봄비를 기다리며
윤혜은

일기 쓰고
앉아 있네,
혜은

Awesome Hye Eun, Writing Her Journal
ⓒ 윤혜은, Printed in Korea

1판 1쇄 2020년 5월 25일

지은이. 윤혜은
펴낸이. 김정옥
마케팅. 황은진
디자인. 어나더페이퍼
제작. 정민문화사
종이. 한승지류유통
펴낸곳. 도서출판 어떤책
주소. 03925 서울시 마포구 월드컵북로 400, 5층 1호
전화. 02-3153-1312 팩스. 02-6442-1395
전자우편. acertainbook@naver.com 블로그. acertainbook.blog.me
페이스북. www.fb.com/acertainbook 인스타그램. www.instagram.com/acertainbook

이 도서의 국립중앙도서관 출판예정도서목록(CIP)은
서지정보유통지원시스템 홈페이지(http://seoji.nl.go.kr)와 국가자료종합목록 구축시스템
(http://kolis-net.nl.go.kr)에서 이용하실 수 있습니다. (CIP제어번호 : CIP2020017361)

안녕하세요, 어떤책입니다. 여러분의 책 이야기가 궁금합니다.

블로그 acertainbook.blog.me
페이스북 www.fb.com/acertainbook
인스타그램 www.instagram.com/acertainbook

점선을 따라 가위로 오려서 보내 주세요. 우표 없이 우체통에 넣으시면 됩니다. ✂

보내는 분

이름

주소

이메일

우편요금
수취인 후납
발송유효기간
2020.7.1~2022.6.30
서울마포우체국
제40943호

03925 서울시 마포구 월드컵북로 400, 5층 1호

도서출판 어떤책

a
certain
book

저희 책을 읽어 주셔서 감사합니다. 독자엽서를 보내 주시면 지난 책을 돌아보고 새 책을 기획하는 데 참고하겠습니다.

1. 《일기 쓰고 앉아 잇네, 해은》을 구입하신 이유

2. 구입하신 서점

3. 이 책에서 인상깊게 읽은 부분과 이유

4. 운해은 작가에게 하고 싶은 말씀

5. 출판사에 하고 싶은 말씀

보내 주신 내용은 어떤책 SNS에 무기명으로 인용될 수 있습니다. 이해 바랍니다.

7

fri 2017 07

sun 2017 08
Seoul Tour

mon 2017 09

tue 2017 10

wed 2017 11

fri 2017 12

sat 2017 13

sun 2017 14

mon 2017 15

2016

sat 2017 07

mon 2017 08

tue 2017 09

wed 2017 10

thu 2017 11

sat 2017 12

sun 2017 13

mon 2017 14

long time, no see...
"D.D.P. design Tour"